能源与电力分析年度报告系列

U0457142

2022

国内外电网发展
分析报告
——面向新型电力系统的电网发展

国网能源研究院有限公司 编著

中国电力出版社
CHINA ELECTRIC POWER PRESS

图书在版编目（CIP）数据

国内外电网发展分析报告 . 2022：面向新型电力系统的电网发展/国网能源研究院有限公司编著 . —北京：中国电力出版社，2023.4

（能源与电力分析年度报告系列）

ISBN 978 - 7 - 5198 - 7469 - 8

Ⅰ . ①国… Ⅱ . ①国… Ⅲ . ①电网—研究报告—世界—2022 Ⅳ . ①TM727

中国国家版本馆 CIP 数据核字（2023）第 027945 号

审图号：GS 京（2023）0286 号

出版发行：中国电力出版社

地　　址：北京市东城区北京站西街 19 号（邮政编码 100005）

网　　址：http：//www.cepp.sgcc.com.cn

责任编辑：刘汝青（010 - 63412382）　安小丹

责任校对：黄　蓓　马　宁

装帧设计：赵姗姗

责任印制：吴　迪

印　　刷：北京瑞禾彩色印刷有限公司

版　　次：2023 年 4 月第一版

印　　次：2023 年 4 月北京第一次印刷

开　　本：787 毫米×1092 毫米　16 开本

印　　张：9.75

字　　数：137 千字

印　　数：0001—2000 册

定　　价：88.00 元

版 权 专 有　侵 权 必 究

本书如有印装质量问题，我社营销中心负责退换

声　　明

一、本报告著作权归国网能源研究院有限公司单独所有，未经公司书面同意，任何个人或单位都不得引用、转载、摘抄。

二、本报告中梳理国内外电网发展动态、现状、实践探索经验等均来自报告文末所列参考文献，如对参考文献的解读有不足、不妥或理解错误之处，敬请谅解，烦请参考文献的作者随时指正。

编 写 组

组　长　韩新阳　靳晓凌

主笔人　王旭斌　张　琛

成　员　田　鑫　谢光龙　朱　瑞　吴洲洋　边海峰

　　　　张　幸　丁玉成　刘卓然　熊宇威　张　钧

　　　　代贤忠　柴玉凤　刘　宇　赵红生　张　玥

　　　　娄奇鹤　王雅丽　王　东　翁　强　王　伟

　　　　张　翼　史雪飞　张甲雷　苏　峰　董时萌

　　　　崔　凯　王春义

前 言
PREFACE

党的二十大报告提出，要加快构建新发展格局，着力推动高质量发展，积极稳妥推进碳达峰碳中和，深入推进能源革命，加快规划建设新型能源体系。作为新型能源体系的核心，构建新型电力系统要求电网要积极发挥能源互联"枢纽"、产业链"链长"、能源转型"排头兵"作用，全面服务能源电力和经济社会高质量发展。随着世界范围内能源转型持续推进，电网服务经济社会发展不断呈现出新的特点。需要结合国内外宏观经济发展环境和能源电力政策动向，对电网发展进行持续跟踪分析，为政府部门、能源电力行业和社会各界提供决策参考和专业信息。

《国内外电网发展分析报告》是国网能源研究院有限公司推出的"能源与电力分析年度报告系列"之一，重点研究国内外电网发展的关键问题。本报告主要特点及定位：一是突出面向新型电力系统的新要求新形势，结合能源电力转型要求多维度分析电网发展情况，侧重观点输出；二是突出对电网发展领域跟踪的特点，从数据的延续性角度对国内外电网发展进行量化分析；三是突出年度报告时效性，加强对数据的整理和分析，总结归纳电网的年度发展特点。

本报告主要分为中国篇、国际篇、技术专题篇。中国篇突出新型电力系统构建实践，在"双碳"目标及能源转型背景下，分析新型电力系统构建对电网发展的新要求，研究电网形态的演进，从低碳、安全、经济、共享4个维度系统分析能源清洁低碳发展、电力安全可靠供应、电网经济高效运行和社会民生共享发展的情况。国际篇突出电力系统发展经验启示，选取德国、日本、美国等国家，分析国外典型电网在政策、机制、技术等方面的做法，总结分析经验启示。技术专题篇突出电网技术创新，分析推动新型电力系统构建的电网关键技术创新实践情况，并展望技术发展趋势。本报告还列有附录，以图表的形式展示典型国家和地区的电网基本概况及发展情况。其中，国外虽未提出新型电力系统概念，但均是在能源转型背景下，推动电网向适应大规模新能源发展转变，与面向新型电力系统的发展要求一致。

本报告中的经济、能源消费、电力装机容量、发电量、用电量、用电负荷等指标数据，尽可能采用各国家和地区电网的 2022 年统计数据；限于数据来源渠道有限，部分指标以 2021 年数据进行分析。

在本报告的调研收资和编写过程中，得到了国家电网有限公司政研室、发展部、安监部、营销部、科技部、国际部、国调中心及北京交易中心等部门的悉心指导，得到了中国电机工程学会、中国电力企业联合会、电力规划设计总院、国网经济技术研究院有限公司、国网智能电网研究院有限公司、中国电力科学研究院有限公司、全球能源互联网发展合作组织等单位相关专家的大力支持，在此表示衷心感谢！

限于作者水平，虽然对书稿进行了反复研究推敲，但难免仍会存在疏漏与不足之处，期待读者批评指正！

编著者

2022 年 12 月

目 录
CONTENTS

技 术 专 题 篇

概　　述

　　百年未有之大变局加速演进，世纪疫情和逆全球化思潮影响深远，局部冲突和动荡频发，全球贸易增长动能减弱，世界经济复苏乏力，中国经济韧性强、潜力大、活力足、长期向好的基本面没有变，发展机遇与挑战并存。能源作为经济社会发展的重要物质基础，绿色低碳转型进入重要窗口期。电网作为能源基础设施的重要组成部分，是能源转型的中心环节，电网高质量发展对于助力实现"双碳"目标和构建新型电力系统具有重要意义。从世界范围内的能源转型看，大力发展以新能源为代表的清洁能源是各个国家能源转型的重要推动力，中国提出构建适应新能源占比逐渐提高的新型电力系统，国外很多国家也持续推动适应高比例新能源接入的电力系统建设，与新型电力系统对电网发展的要求具有一致性，均是强调推动电网向适应大规模高比例新能源发展。

　　实现"双碳"目标，能源是主战场，电力是主力军，电网是排头兵，新型电力系统构建是重要抓手。随着能源转型的深入推进，新型电力系统将在电源结构、电网形态、负荷特性、运行机理、技术基础等方面出现重大变化。电源结构由可控连续出力的煤电装机占主导，向强不确定性、弱可控出力的新能源发电装机占主导转变。电网形态由单向逐级输电为主的传统电网，向包括交直流混联大电网、微电网、局部直流电网和分布式电源、可调节负荷在内的能源互联网转变。负荷特性由传统的刚性、纯消费型，向柔性、产消一体型转变。运行机理由"源随荷动"的实时平衡模式、大电网一体化控制模式，向"源网荷储智协同互动"的非完全实时平衡模式、大电网与微电网协同控制模式转变。技术基础由同步发电机为主导的机械电磁系统，向由电力电子设备和同步机共同主导的混合系统转变。

　　面对新型电力系统构建带来的深刻变化，需放眼国内国外，立足国内能源资源禀赋，借鉴国际电网发展经验，坚持系统观念、底线思维，统筹协调好安全可控、经济高效、绿色低碳、民生普惠，推动电网高质量发展，积极稳妥推进碳达峰碳中和。

　　本年度报告面向新型电力系统构建，分析中国电网发展的特点和国际电网发展的经验启示，并分析电网关键技术创新实践情况和发展趋势。主要观点如下：

（一）中国篇

构建新型电力系统，必须坚持贯彻新发展理念，要求电网在更高层面统筹好低碳、安全、经济、共享等多重目标，统筹发展和安全，统筹保供和转型，高质量满足经济社会发展用能需求。

（1）构建新型电力系统伴随电网形态的演进，呈现大电网与新形态电网协同发展趋势，输电网平台化、坚强化、灵活性加强，配电网网架、控制、机制等层面均适应规模化新要素接入。

输电网方面，加强跨区跨省交直流输电通道建设，2021年以来加快推进"一交五直"特高压工程，服务沙漠戈壁荒漠等大型风光电基地送出消纳；除台湾省之外，全国跨区跨省联网不断加强、送电能力不断提升，2022年1—9月，跨区送电5752亿kW·h，同比增长6.0%，各省送出电量13 234亿kW·h，同比增长3.2%；持续补强南方、西北、东北、华北地区超高压网架结构，闽粤联网强化了国家电网与南方电网的互联互通，提升极端条件下的保供电能力；加快抽水蓄能电站布局，2022年上半年投产7座13台机组，提升了大电网调节能力。**配电网方面，**作为新型电力系统构建的重要内容，当前各地区围绕配电网网架加强、柔性互动、数字技术融合应用等方面有很多实践；针对规模化分布式新能源、多元负荷、新型储能、微电网等分布式资源新要素接入，配电网仍需在网架结构、调度控制、机制模式等层面提升适应性。网架结构需提升中低压互联水平，强化区域自平衡能力，因地制宜确定城农网不同场景下的网架形态；调度控制需提升新要素的可观可测可调可控能力，加强分层分区集群控制；机制模式需完善新要素参与下的市场交易机制和价格机制，促进分布式电源逐步承担市场主体责任，形成各类主体深度参与、高效协同、共治共享的能源电力生态圈。

（2）构建新型电力系统伴随新能源规模化发展，要求电网促进清洁能源高

效消纳，在全社会范围内引导节能提效，并加强电网自身低碳发展。

在促进清洁能源消纳方面，通过强化骨干电网架构促进清洁能源跨省跨区外送、加快配电网形态演进促进分布式能源高效利用，完善市场机制促进清洁能资源高效配置，2022 年上半年全国光伏、风电平均利用率分别达到 97.7%、95.8%，主要流域水能利用率约为 98.6%。**在推动社会节能提效方面**，通过进一步加强服务交通领域用能清洁化、交通枢纽能源高效利用、推动工农业生产减碳转型，以及建筑综合能效提升，发挥枢纽、承接作用。**在加强自身低碳发展方面**，通过实施电网节能管理、建立电网碳管理体系、提升办公后勤领域节能水平等发挥更大作用，降低线损节约电量 171 亿 kW·h。

（3）构建新型电力系统伴随多高多峰特征的凸显，需要坚持系统观念和底线思维，从源网荷储智协同、安全风险管控、应急管理等方面综合施策，化解电力供应和安全运行风险。

面临挑战方面，气候、来水、燃料供应等多因素叠加导致部分地区电力供应紧张，源网荷储高比例电力电子设备广泛接入，直流输电密集布点，自然灾害和事故灾难等突发事件趋频趋重，系统性安全风险始终存在。如 2021 年河南特大暴雨对电网基础设施破坏严重，2022 年四川极端气温、最少降雨量、最高电力负荷叠加对电力供需带来严峻挑战，对电网应急能力提出更高要求。**应对举措方面**，从加强一二次能源协同、电网互联互通与负荷调节管理等方面加强电力供应保障，如 2022 年 7 月持续通过德宝直流、川渝联网等 8 条输电通道，每日接受外省市电量达到 1.3 亿 kW·h；从高比例新能源系统机理认知、加强系统主动防护和直流系统安全运行等方面有效管控风险隐患，提升系统安全稳定运行水平；从多主体应急协同、应急预警指挥管理、电网设施抗灾能力及用户应急电源配置等方面加强应对，推动电网应急体系和能力现代化。

（4）构建新型电力系统伴随系统成本的升高，需要综合考虑电网扩建与能量补偿、调控升级、市场调节等方面，多措并举促进电网经济高效转型。

保障系统平衡的各类调节资源需求将大幅提升，电网转型升级过程中接网投资、智能技术研发应用等成本将大幅提升，系统自身减排成本以及电力行业承接其他行业的减排成本也将增加，多种因素将共同推高系统成本。初步测算表明，到 2025 年、2030 年、2060 年，电网度电成本将分别增加至 0.190、0.194、0.223 元/（kW·h）。在传统的按接入容量对电网增容扩建的传统基建思路下，电网的客观投资能力不能匹配投资规模，且投资效率较低。需要增强有功、无功补偿能力，提升电网调控水平，并通过市场调节机制促进资源优化配置，多角度入手促进电网转型。

（5）新型电力系统强化电网共享发展水平，从支撑经济社会发展、发挥产业链"链长"作用、提升普遍服务水平等方面保障经济社会民生发展需求。

电网稳经济、保就业的经济社会效益显著，2021 年中国电网投资 4951 亿元，2022 年超过 5000 亿元以上，带动社会投资超过 1 万亿元。充分发挥电网产业链带动作用，加快形成能源互联网产业集群，推动产业向高端化、绿色化、智能化、融合化发展，并增强产业链、供应链的安全稳定性，促进产业链自立自强。服务乡村振兴，围绕推动城乡供电服务均等化，大力实施农网巩固提升工程、乡村电气化工程，强化乡村电力基础设施和公共服务布局，推进农业农村现代化、促进农村产业转型，发挥电网民生普惠的作用。

（二）国际篇

在应对气候变化和推进碳中和目标背景下，世界各国电网为服务新能源高比例接入与安全消纳进行了积极的探索和实践，可为中国构建新型电力系统提供借鉴。综合考虑转型战略、供需特点、电网强化措施等方面，德国、日本、美国的电网转型发展举措具有代表性，主要包括加强新能源发展政策保障、因地制宜制定能源转型路径、推动电网技术创新与实践等。

（1）加强新能源发展的政策保障。德国通过出台《可再生能源法》制定了可再生能源发展战略，历经多次修订后提出更高目标，确立到 2030 年实现可再生能源发电比例达到 80% 的目标。**日本**通过发布《促进新能源利用特别措施法》推动太阳能、煤炭液化和气化、风力发电、地热能等能源新技术的研发和利用，同时《日本能源政策基本法》规定了日本能源政策的基本方针，即确保能源的稳定供应、满足环境保护要求并灵活应用市场机制。**美国**通过立法解决跨州传输通道选址建设等突出问题，增强对分布式发电、储能等发展的支持，建立电网容量补偿机制，为可再生能源接入电网提供更多支持。

（2）因地制宜制定能源转型路径。能源转型的核心目标主要是为应对气候变化和保障能源安全，各国根据国情制定了各有侧重的目标和路径。**德国**可再生能源占比较高，为进一步提高可再生能源在净电力消费中的占比，加强电网互联互通和跨领域能源协同是其发展重点，并且尤其注重发挥电网在能源协同发展中的关键作用。**日本**为了尽可能地降低对传统化石能源的依赖，加大对优先发展可再生能源的政策支持，在保障能源安全的前提下，以能源稳定供给、经济高效、环境保护为主要目标，形成了以能源技术发展为重心、多元化能源供给的能源转型路径，提出了面向碳中和的下一代电网发展重点。**美国**天然气和煤炭发电占据主导地位，在大力发展可再生能源的同时，将化石能源作为托底能源，将天然气作为过渡能源，加大清洁能源基础设施建设与改造、清洁能源技术创新，并注重加强电网现代化转型，夯实清洁能源革命基础。

（3）推动电网技术创新与实践。技术创新是新能源得以持续发展的保障。**德国**开发多层次可再生能源出力预测系统，提升高比例可再生能源电力系统的预测精度，同时不断发展源网荷储智互动技术，提升系统调节能力。**日本**以电网"非固定式接入"规则充分利用电网传输容量，提升新能源接纳能力，并推动下一代智能电网及高级量测体系建设，提升电网末端数据感知能力与可控水平，最大限度服务新能源发展。**美国**提出以三大技术为核心的下一代电网技术，包括线路动态增容、拓扑结构优化以及先进电力电子技术应用等，在电网物理结构小幅改变的前提下，通过技术创新实现存量电网的挖潜增效，为安全可靠消纳新能源提供条件。

（三）技术专题篇

构建新型电力系统，不管是现在还是未来，都必须发挥技术创新的引领作用，比如灵活柔性输电、智慧调度控制、智能化数字化等。技术创新可以为新型电力系统构建提供不竭动力。

先进交直流输变电技术方面，柔性输电技术逐渐向着多端化和网络化方向发展，随着模块化多电平技术、先进电力电子技术的快速发展，整体成本较初期大幅下降，2022年5月粤港澳大湾区直流背靠背电网工程投产；分频输电技术、超导输电技术在浙江、上海等地示范应用，2021年1月日本铁路公司研发的超导输电技术进入实证试验，能够有效提升输电能力，降低运行成本。智慧配用电技术方面，多能协同模式下的智慧配用电示范陆续建成投运，促进多种清洁能源友好消纳。新型调度控制技术方面，调度"算力"有效加强，提升规模化大范围可控资源和电网末端资源调控能力，2022年1月国网江苏公司新一代调度支持系统上线，监测范围拓展到78 000多条10kV以上线路，规模拓展了约24.5倍。储能技术方面，压缩空气储能、熔盐储热、氢储能等长时段储能技术逐步推广应用，2022年5月江苏金坛盐穴压缩空气储能国家试验示范项目投产，一个储能周期可存储电量30万kW·h，负荷高峰时段可持续发电5h。电网数字化技术方面，数字化技术与电网业务融合深度不断增加，2022年2月基于边边通信和组群式策略的"源网荷储"友好互动智能微电网在山东威海建成，2021年以来新加坡电力企业持续推进电网数字孪生系统研发，能够实时远程监控电网资产健康状况，及早识别电网运营潜在风险，可用于提前评估电网升级改造方案的可行性。

中国篇

篇章要点

本篇在"双碳"目标及新型电力系统构建背景下，结合能源转型政策要求，分析了中国电网❶形态演进，主要从低碳、安全、经济和共享四个维度，深入分析中国电网促进新能源消纳水平、安全可靠运行水平、发展经济性水平和服务社会民生共享发展。

中国积极稳妥推进碳达峰碳中和，加快规划建设新型能源体系，能源电力绿色低碳转型进入重要窗口期，电网作为能源基础设施的重要组成部分，是能源转型的中心环节，电网高质量发展对于助力实现"双碳"目标和构建新型电力系统具有重要意义。近年来，中央和地方政府部门发布了一系列关于能源转型的部署及政策，要求电网在保障安全稳定运行的同时，更好地适应大规模高比例新能源发展，更好地平衡经济高效、成本可控，更好地保障经济社会民生需求。随着新型电力系统的加快构建，新形势下电网的功能作用主要体现在电网形态演进促进能源清洁低碳发展，资源配置作用更加凸显；电网灵活调控促进源网荷储智多元协同互动，电力安全保障能力进一步强化；电网经济发展推动电力系统实现可持续转型，经济高效运行水平有效提高；电网共享发展服务经济社会民生，供电服务保障能力更加彰显。电网在形态演进，以及低碳、安全、经济、共享等方面呈现的特点如下：

（1）电网形态演进方面。

新型电力系统构建要求输电网向平台化、坚强化、灵活性转变，从这三个维度一体化加强互联互济，提升电网资源配置能力。平台化是指加强跨区跨省交直流输电通道建设，提升电网对新能源的跨区域配置能力。坚强化是指建设

---

❶ 本书所述"中国电网"是指供电范围覆盖除台湾地区、香港特别行政区和澳门特别行政区之外的中国大陆22个省、4个直辖市和5个自治区的输配电网，也称中国大陆电网，供电人口超过14亿人，主要由国家电网有限公司（简称国家电网公司）、中国南方电网有限责任公司（简称南方电网公司）和内蒙古电力（集团）有限责任公司（简称内蒙古电力公司）三个电网运营商运营。香港、澳门与广东之间有电网互联，台湾还没有与大陆联网。

超高压联网工程，补强省级联网和电力汇集、疏解能力。灵活性是指加快建设抽水蓄能电站，提升电网灵活性水平。

在平台化方面，加强电网交直流混联，提升跨区域资源优化配置能力，南昌－长沙1000kV特高压交流工程于2021年12月投产，驻马店－南阳、驻马店－武汉、荆门－武汉、南昌－武汉、南阳－荆门－长沙特高压交流工程开工建设，华中特高压环网加快构建。**西南水电开发进一步提速**，雅中－江西±800kV特高压直流输电工程于2021年6月投运，白鹤滩－江苏、白鹤滩－浙江特高压直流输电工程加快建设。**促进沙漠戈壁荒漠等绿色能源基地开发利用**，陕北－湖北±800kV特高压工程于2021年12月投运，大同－天津南交流及陕西－安徽、陕西－河南、蒙西－京津冀、甘肃－浙江等"一交五直"6项特高压工程前期工作加快推进。

在坚强化方面，提升区域内资源配置能力。闽粤联网工程加强南方电网和国家电网联网，广东、福建两省电网首次实现互联互通，促进电力互补互济、调剂余缺，应急情况下可以互为备用、相互支援，进一步提升极端条件下的保供电能力和事故应急处置能力。**加强地区清洁能源外送通道建设**，在青海、宁夏、江苏、四川等地启动郭隆－武胜第三回750kV输电线路工程，提升大规模新能源汇集和送出能力。**补强南方、西北、东北、华北地区超高压电网结构**，提高电网送电能力和供电可靠性，为地区经济社会发展提供强有力的电力支撑。

在灵活性方面，提升大电网调节控制能力。加强抽水蓄能电站布局和建设，2022年国家电网投产河北丰宁、山东沂蒙、吉林敦化、黑龙江荒沟、安徽金寨5座抽水蓄能电站8台机组，新增装机容量245万kW，南方电网投产广东梅州、阳江2座百万千瓦级抽水蓄能电站5台机组。**电网调控方式从突出主网调度向全网协调调度转变**，通过虚拟电厂聚合、柔性潮流控制、主配网协同、最优潮流优化等手段，进一步提升电网运行效能。通过可中断负荷、负荷聚合商、储能等提供辅助服务，积极参与电网调节互动。

配电网是新型电力系统构建的重要内容，新要素规模化接入对配电网形态提出更高要求，需要从网架结构、调度控制、机制模式等层面加快发展升级。配电网直接面向用户，具备源网荷储智各要素，当前各地区围绕配电网坚强网架、柔性互动、数字技术融合应用等方面有很多实践，提升了配电网安全运行、智能化水平。但随着分布式资源等新要素的规模化接入，仍需在网架结构、调度控制、机制模式等层面提升新要素发展适应性。**网架结构方面**，着力提升中低压互联水平，强化区域自平衡能力，根据源荷时空分布及匹配特性，因地制宜确定城农网不同场景下的网架形态；**调度控制方面**，推动信息感知全景透明、业务融合高效协同、运行控制智能互动，提升分布式新能源、储能等新要素的可观、可测、可调、可控能力，加强分层分区集群控制，促进群内平衡和群间功率互济；**机制模式方面**，完善新要素参与市场交易机制和价格机制，促进分布式电源承担市场主体责任，形成各类主体深度参与、高效协同、共治共享的能源电力生态圈，满足分布式资源、聚合体参与电网互动相关利益方的价值诉求，实现市场主体多元化、交易品种多样化、资源配置平台的共赢发展。

（2）电网低碳发展方面。

构建新型电力系统要求电网促进新能源高质量发展，从网架结构、服务能力、运行安全、市场机制等方面促进能源清洁低碳发展。2022 年上半年，全国风电、光伏发电的平均利用率分别达到 95.8%、97.7%，主要流域水能利用率约为 98.6%。**在促进清洁能源跨省跨区外送消纳方面**，电网加大投资建设力度，促进清洁能源在更大范围内进行资源配置，提升跨省跨区外送消纳水平，从持续完善骨干网架到不断优化电网结构，从创新攻克输电技术到促进源网荷储智协调互动，形成以东北、西北、西南区域为送端，华北、华东、华中区域为受端，以特高压和 500（750）kV 电网为主网架，区域间交直流混联的电网格局。**在保障分布式清洁能源就近就地利用方面**，加快新型配电网终端设备部署，提升分布式电源的可观可测可控能力，积极发展群调群控的调控运行方式，提升电网对分布式电源管理能力，促进分布式电源灵活并网、高效利用，以数字化、智能化手段赋能，提升电网的服务能力和服务效率。**在提升高比例新能源接入系统的安全性方面**，电网的系统调节能力不断提升，高比例新能源并网的灵活调控运行能力不断增强，积极发展需求响应资源，网荷协同促进新能源的高效利用。**在促进完善清洁能源交易机制方面**，正式印发《省间电力现货交易规则（试行）》，进一步完善了覆盖所有省间范围、所有电源类型的省间电力现货交易规则，扩大绿电交易规模。

构建新型电力系统不仅是能源电力行业自身转型要求，更是在全社会范围内引导节能提效，促进经济社会高质量发展的重要要求。**在服务交通领域用能清洁化发展方面**，电网积极服务交通领域的电气化改造，推动电动汽车充电设施等发展建设。**在服务交通枢纽能源清洁高效利用方面**，在高铁站、机场等交通枢纽，促进终端用能环节的综合能源开发利用，提升用能效率。**在推动工农业生产减碳降碳方面**，在工业生产中推进电能使用替代化石燃料，减少工业生产碳排放，利用大数据服务工业领域碳监测核查，为政府社会提供信息服务，并推进农村电网升级，满足农村清洁用能要求。**在提升建筑综合能效水平和新能源消纳能力方面**，建立多能互补的能源供应系统，优化建筑能源结构，提高能源利用效率，推动"光储直柔"建筑能源系统建设，综合利用多种柔性资源，平抑分布式光伏出力波动，促进新能源消纳。

构建新型电力系统也是对电网践行减碳的内在要求，在实施电网节能管理、建立电网碳管理体系、提升办公后勤领域节能水平等方面发挥更大作用。**在实施电网节能管理方面**，电网坚持节约优先，优化电网结构，推广节能导线和变压器，加强电网规划、建设、运行、检修、营销各环节绿色低碳技术研发。**在深化线损精细化管理方面**，优化电网运行方式，专项治理电力设备残旧老化、三相不平衡、无功补偿不足、长期轻载或重过载问题，开展数字电网建设，以智能化大数据，精准定位提升降损效率。**在建立电网碳管理体系方面**，积极参与全国碳市场建设运行和政策研究制定，推动构建以电网为中心的碳生态圈，建立碳管理制度、碳指标和对标体系。**在提升办公后勤领域节能水平方面**，电网积极推进办公建筑能效监测及节能改造，大力提高企业节能环保汽车和新能源汽车占比，推动节能灯具、电磁厨具等节能服务产品的应用。

（3）电网安全发展方面。

新型电力系统多高多峰特征不断凸显，气候、来水、燃料供应等多因素叠加导致部分地区电力供应紧张，从加强一二次能源协同、电网互联互通与负荷调节管理等方面保障电力供应。面临挑战方面，新能源极端天气下长期处于小发状态，2021 年 9 月东北电力供应紧张时期，装机容量 3500 万 kW 的风电出力一度仅有 3.4 万 kW。季节性负荷双峰更加显著，峰谷差拉大，2021 年 1 月寒潮期间，国家电网经营区域最大负荷同比增长 25%，燃料供应紧张叠加枯水期、机组检修等因素，加剧电力供应形势，且目前灵活调节资源的调节能力及持续时间难以应对新能源的强波动性。**应对举措方面，**立足能源资源禀赋，坚持先立后破，多措并举协同保障电力供应，进一步加强一二次能源协同，发挥煤电等传统电源支撑性调节性作用；加强电网互联互通，2022 年 7 月通过德宝直流、川渝联网等 8 条输电通道持续向四川供电，每日接受外送电量达到 1.3 亿 kW·h，发挥电网资源配置作用；加强需求响应和有序用电管理，缓解电力供应紧张局势，保障民生和重点用电需求。

新型电力系统电力电子化程度加深，电网安全运行风险隐患始终存在，从高比例新能源系统机理认知、加强系统主动防护和直流系统安全运行等方面有效管控，提升系统安全稳定运行水平。面临挑战方面，源网荷储高比例电力电子设备广泛接入，电网规模持续扩大，系统结构愈加复杂，直流输电密集布点，系统性风险始终存在。**应对举措方面，**夯实高比例新能源系统安全稳定支撑基础，推动新能源调节支撑能力提升，提升电力电子高占比的系统稳定机理认知水平；巩固完善电力系统"三道防线"主动防护能力，提升在线安全稳定响应控制能力，强化有源配电网对海量分布式资源的调控；加强直流系统运行风险管控，强化特高压直流和关联交流断面的联合控制，阻断交直流、送受端连锁反应。

自然灾害和事故灾难等突发事件趋频趋重，坚持底线思维，从多主体应急协同、应急预警指挥管理、电网设施抗灾能力及用户应急电源配置等方面加强应对，推动电网应急体系和能力现代化。 新型电力系统对气象等环境变化更为敏感，如 2021 年河南特大暴雨对电网基础设施破坏严重，对电网应急能力提出更高要求。为提升突发事件综合应对能力，加强政府、企业、社会等电网应急处置协同，促进多主体应急协作，充分考虑极端突发事件和预案实用性来健全应急预案管理；深化应急基础创新和技术应用，提升应急监测预警指挥能力；加强电网差异化防灾减灾能力建设，提升源头治理能力，部分地区将灾害分布与电网应急监测预警相耦合，促进预警响应一体化；加强用户自备应急电源建设，推动重要电力用户供电电源及自备应急电源配置技术规范升级为国家强制性标准。

（4）电网经济发展方面。

新型电力系统构建过程中因电源接网、电网升级、其他行业电能替代等产生电力供应成本上升问题。 保障系统平衡的各类调节电源需求大幅提升，电网转型升级过程中接网投资、智能技术研发应用等成本提升，以及其他行业电能替代的转移成本增加等，多种因素共同推高电力供应成本。初步测算表明，到 2025 年、2030 年、2060 年，电网度电成本将分别增加至 0.190、0.194、0.223 元/（kW·h）。

传统的电网基建思路在新形势下投资较大，电网升级需要综合考虑电网扩建与能量补偿、调控升级、市场调节等方面多措并举促进经济高效转型。 集中式和分布式新能源接入规模持续扩大，发电侧的间歇性和不确定性为保障电力供应、维持电网平衡、保证系统安全带来更大挑战，在按接入容量对电网增容扩建的传统基建思路下，电网的客观投资能力难以有效匹配投资规模，且投资效率较低。需要增强有功、无功补偿能力，提升电网调控水平，并通过市场调节机制促进资源优化配置，多角度入手促进电网升级。

（5）电网共享发展方面。

电力是国民经济的命脉，是现代产业的动力"心脏"，更是国民经济发展的"先行官"。构建新型电力系统既能满足日益增长的电力需求，支撑社会经济高质量发展以及助力区域协调发展，又可以有效发挥投资在经济增长中的关键作用，尤其是在新冠肺炎疫情大背景下，可以有效稳经济、保就业，带动全产业链上下游发展，发挥基础设施建设投资的杠杆效应，为经济增长注入新动力。当前，电网投资与建设产业不断遵循新发展理念、高质量发展和新发展格局的总要求，全面建设清洁低碳、安全高效的能源体系，更为社会主义现代化建设提供强有力的动力保障。

发挥电网产业链"链长"带动作用，带动上下游产业共同发展，推动产业基础高级化、产业链现代化。加强产业链上下游技术交流合作，加快新兴产业布局和培育，增强产业链供应链安全稳定性，促进产业链自立自强。在能源互联网和电动汽车等领域抢抓机遇，提升能源生态系统服务能力，推动政府机构、电动汽车企业和用户、产业链供应链上下游企业广泛深入地连接，服务产业融合发展。

推进农村电网巩固提升工程，提升农村电力普遍服务水平、乡村用能电气化水平，助力农业农村现代化和乡村振兴战略实施。促进乡村电网升级改造服务农业农村现代化，基本消除用户长期低电压问题，重载、过载、短时低电压、三相不平衡等问题。实现了农田机井通电，提升农业农村电气化水平。推进乡村产业电气化促进乡村产业转型，通过生产设备电气化和生产过程自动化，推广电气化育苗、种植、养殖等实用模式，推广电烘干、电炒茶、电烤烟等先进技术，推动乡村产业向规模化、自动化、智能化方向发展。

1

构建新型电力系统对电网发展的要求

2021 年 3 月 15 日，习近平总书记在中央财经委第九次会议上，对碳达峰碳中和做出进一步部署，提出构建以新能源为主体的新型电力系统。这是自 2014 年 6 月提出"四个革命、一个合作"能源安全新战略以来，我国再次对能源发展做出的系统深入阐述，明确了新型电力系统在实现"双碳"目标中的基础地位，为能源电力发展指明了科学方向、明确了行动纲领、提供了根本遵循。经过一年多的实践，现阶段提出构建适应新能源占比逐渐提高的新型电力系统。

1.1 能源电力转型政策对电网发展的要求

推进"双碳"目标，能源是主战场，电力是主力军，构建新型电力系统是重要抓手。中国步入构建现代能源体系的新阶段，能源电力绿色低碳转型进入重要窗口期，电网作为能源基础设施的重要组成部分，是能源转型的中心环节，电网高质量发展对于助力实现"双碳"目标和构建新型电力系统具有重要意义。**构建新型电力系统，必须坚持贯彻新发展理念，要求电网在更高层面统筹好低碳、安全、经济、共享等多重目标，统筹发展和安全，统筹保供和转型，高质量满足经济社会发展用能需求。**2021 年以来，能源电力低碳政策体系持续完善，从中央、政府部门到地方政府出台了一系列能源电力转型部署及政策，包括双碳"1＋N"政策体系、"十四五"能源发展规划以及相关指导意见等，对新形势下电网发展提出更高要求。

（1）能源加快转型要求电网服务新能源高质量发展，提升能源资源配置能力。

在"双碳"目标和新型电力系统构建背景下，中国新能源装机规模将继续高速增长，需要电网适度超前发展。中共中央、国务院发布"双碳"目标顶层文件指出，构建新能源占比逐渐提高的新型电力系统，推动清洁电力资源大范围优化配置，提高电网对高比例可再生能源的消纳和调控能力。国家发展改革委、国家能源局发布的新能源高质量发展实施方案和"十四五"现代能源体系规划中强调，充分发挥电网在构建新型电力系统中的平台和枢纽作用，推动电网主动适应大规模集中式新能源和量大面广的分布式能源发展，以大型风光电基地为基础、以其周边清洁高效先进节能的煤电为支撑、以稳定安全可靠的特高压输变电线路为载体的新能源供给消纳体系；着力提高配电网接纳分布式新能源的能力，加快配电网改造升级，推动智能配电网、主动配电网建设，提高配电网接纳新能源和多元化负荷的承载力和灵活性，促进新能源优先就地就近开发利用。

（2）能源结构低碳化调整要求电网克服新能源带来的运行风险，保障系统安全稳定运行。

能源电力发展进入新阶段，保供压力明显增大情形下，电网安全发展的一些深层次矛盾凸显，风险隐患增多，包括电力供需平衡压力增加、电网安全稳定运行风险显著加大，以及重大突发事件的应对能力存在不足，需要积极稳妥推进"双碳"目标，加快规划建设新型能源体系，确保能源安全。2030 年前碳达峰方案指出，大力提升电力系统综合调节能力，加快灵活调节电源建设，建设坚强智能电网，提升电网安全保障水平。"十四五"现代能源体系规划和可再生能源发展规划中指出，强化底线思维，从战略安全、运行安全和应急安全等方面夯实能源供应稳定性和安全性，战略安全层面，在保障能源供应基础上，优化电网等基础设施规划布局；运行安全层面，保障系统安全稳定运行必需的合理裕度，加强电网安全防护和保护，确保电网重要设备、通道等设施安全；应急安全层面，提升电力应急供应和事故恢复能力，加强风险隐患治理和应急管控，推动电力安全治理能力现代化、保障能源系统安全平稳转型、提升电力应急储能能力，同时增强极端情况下电网安全防御能力。

（3）能源系统多元化迭代要求电网发挥市场对资源配置的决定性作用，更好统筹经济成本和服务多元市场主体接入。

能源系统形态加速变革，能源生产逐步向集中式和分布式并重转变，新要素、新模式大规模涌现，需要通过创新体制机制，更好地统筹平衡经济高效、成本可控。国家发展改革委、国家能源局发布的《关于完善能源绿色低碳转型体制机制和政策措施的意见》《关于促进新时代新能源高质量发展的实施方案》等文件中指出，健全适应新型电力系统的市场机制，完善风电、光伏发电、抽水蓄能价格形成机制，建立新型储能价格机制，明确以消纳可再生能源为主的增量配电网、微电网和分布式电源的市场主体地位，支持微电网、分布式电源、储能和负荷聚合商等独立参与电力交易。

（4）能源普惠化发展要求电网基础设施发挥网络效益，带动产业链升级和保障经济社会民生需求。

电网作为关系国计民生的重要能源基础设施，具有直接连接至终端用户、服务至广大人民群众的特点，是经济社会发展的先行军和助推器。中央财经委第十一次会议指出，构建现代化基础设施体系，实现经济效益、社会效益、生态效益、安全效益相统一，立足长远、适度超前，加强能源等网络型基础设施建设，能够带动上下游产业发展，促进能源低碳转型，为服务经济社会发展、保障国家能源安全提供重要支撑。国家能源局发布的农村能源相关文件中指出，加快完善农村和边远地区能源基础设施，提升农村能源基础设施和公共服务水平，实施农村电网巩固提升工程，全面提升农村用能质量，实现农村能源用得上、用得起、用得好，为巩固拓展脱贫攻坚成果、全面推进乡村振兴提供坚强支撑。表1-1梳理了能源转型政策中关于电网发展的相关要求。

表1-1　　　　能源转型政策关于电网发展的相关要求梳理

政策文件	发布时间	相关要求
中国共产党第二十次全国代表大会报告	2022年10月16日	**积极稳妥推进碳达峰碳中和**。实现碳达峰碳中和是一场广泛而深刻的经济社会系统性变革。立足我国能源资源禀赋，坚持先立后破，有计划、分步骤实施碳达峰行动。完善能源消耗总量和强度调控，重点控制化石能源消费，逐步转向碳排放总量和强度"双控"制度。推动能源清洁低碳高效利用，推进工业、建筑、交通等领域清洁低碳转型。**深入推进能源革命**，加强煤炭清洁高效利用，加大油气资源勘探开发和增储上产力度，**加快规划建设新型能源体系**，统筹水电开发和生态保护，积极安全有序发展核电，加强能源产供储销体系建设，确保能源安全

政策文件	发布时间	相关要求
国家发展改革委、国家能源局《关于实施农村电网巩固提升工程的指导意见（征求意见）》	2022年10月8日	**补齐农村电网发展短板，巩固拓展脱贫攻坚成果**，加强农村电网薄弱地区电网建设改造，逐步解决边远地区农村电网与主网联系薄弱问题。 **精准升级农村电网，提升农村电网现代化水平**，持续加强农村电网建设改造，优化完善网架结构。 **加强网源规划建设衔接，支撑农村可再生能源开发**，适时推进农村电网建设改造，实现分布式可再生能源和多元化负荷的灵活接入，确保农村分布式可再生能源发电"应并尽并"，消纳率保持在合理水平
国家发展改革委、国家能源局等《"十四五"可再生能源发展规划》	2022年6月1日	**加快建设可再生能源存储调节设施，强化多元化智能化电网基础设施支撑**，提升新型电力系统对高比例可再生能源的适应能力。 **加强电网基础设施建设及智能化升级**，提升电网对可再生能源的支撑保障能力。加强可再生能源富集地区电网配套工程及主网架建设，支撑可再生能源在区域内统筹消纳。推动配电网扩容改造和智能化升级，提升配电网柔性开放接入能力、灵活控制能力和抗扰动能力，增强电网就地就近平衡能力，构建适应大规模分布式可再生能源并网和多元负荷需要的智能配电网
国家发展改革委、国家能源局《关于促进新时代新能源高质量发展的实施方案》	2022年5月30日	**加快推进以沙漠、戈壁、荒漠地区为重点的大型风电光伏基地建设**，加大力度规划建设以大型风电光电基地为基础、以其周边清洁高效先进节能的煤电为支撑、以稳定安全可靠的特高压输变电线路为载体的新能源供给消纳体系。 **全面提升电力系统调节能力和灵活性**，充分发挥电网企业在构建新型电力系统中的平台和枢纽作用，支持和指导电网企业积极接入和消纳新能源。 **着力提高配电网接纳分布式新能源的能力**，发展分布式智能电网，加大投资建设改造力度，提高配电网智能化水平，着力提升配电网接入分布式新能源的能力，合理确定配电网接入分布式新能源的比例要求
中央财经委第十一次会议	2022年4月26日	构建现代化基础设施体系，实现经济效益、社会效益、生态效益、安全效益相统一。 **加强能源等网络型基础设施建设**，把联网、补网、强链作为建设的重点，着力提升网络效益

续表

政策文件	发布时间	相关要求
国家发展改革委、国家能源局《关于完善能源绿色低碳转型体制机制和政策措施的意见》	2022年1月30日	**推动构建以清洁低碳能源为主体的能源供应体系**，探索建立送受两端协同为新能源电力输送提供调节的机制，支持新能源电力能建尽建、能并尽并、能发尽发。**完善适应可再生能源局域深度利用和广域输送的电网体系。****健全适应新型电力系统的市场机制**，支持微电网、分布式电源、储能和负荷聚合商等新兴市场主体独立参与电力交易。积极推进分布式发电市场化交易，支持分布式发电与同一配电网内的用户通过电力交易平台就近进行交易
国家发展改革委、国家能源局《"十四五"现代能源体系规划》	2022年1月29日	**增强能源供应链稳定性和安全性**，强化战略安全保障，提升运行安全水平，加强经济安全管控。**推动电力系统向适应大规模高比例新能源方向演进**，以电网为基础平台，增强电力系统资源优化配置能力，提升电网智能化水平，推动电网主动适应大规模集中式新能源和量大面广的分布式能源发展。**创新电网结构形态和运行模式**，加快配电网改造升级，推动智能配电网、主动配电网建设，提高配电网接纳新能源和多元化负荷的承载力和灵活性，促进新能源优先就地就近开发利用。完善区域电网主网架结构，推动电网之间柔性可控互联，构建规模合理、分层分区、安全可靠的电力系统，提升电网适应新能源的动态稳定水平
国家能源局等《加快农村能源转型发展助力乡村振兴的实施意见》	2021年12月29日	**持续提升农村电网服务水平**，持续提升农村电网供电保障能力，推动网架结构和装备升级，满足大规模分布式新能源接入和乡村生产生活电气化需求。**健全完善农村能源普遍服务体系**，积极探索以市场化运营为主、政府加强政策支持的新机制、新模式，鼓励和引导农户、村集体自建或与市场主体合作，参与农村能源基础设施和服务网点建设
国务院《2030年前碳达峰行动方案》	2021年10月26日	加快建设新型电力系统，**构建新能源占比逐渐提高的新型电力系统**，推动清洁电力资源大范围优化配置。大力提升电力系统综合调节能力，加快灵活调节电源建设，引导自备电厂、传统高载能工业负荷、工商业可中断负荷、电动汽车充电网络、虚拟电厂等参与系统调节，建设坚强智能电网，提升电网安全保障水平
中共中央、国务院《关于完整准确全面贯彻新发展理念做好碳达峰碳中和工作的意见》	2021年10月24日	积极发展非化石能源，**构建以新能源为主体的新型电力系统，提高电网对高比例可再生能源的消纳和调控能力**。深化能源体制机制改革，**推进电网体制改革**，明确以消纳可再生能源为主的增量配电网、微电网和分布式电源的市场主体地位，加快形成以储能和调峰能力为基础支撑的新增电力装机发展机制，完善电力等能源品种价格市场化形成机制

1.2　新型电力系统源荷特点

随着能源绿色低碳转型、新能源快速发展，新型电力系统的多高多峰特征进一步凸显。其中，多高特征是指高比例新能源接入、高比例电力电子设备接入、发电出力高不确定性等，多峰特征是指负荷季节性双峰（夏季高峰、冬季高峰）、日内双峰（早高峰或午高峰、晚高峰）、新能源发电出力与用电负荷多峰交织（如反调峰特性）等。**电源特性方面**，非化石能源发电装机容量增长，首次超过煤电装机规模，但发电量方面，煤电仍占比最大。**负荷特性方面**，第三产业和居民生活用电量占比升高，将拉大电网负荷峰谷差，电网调节能力需要增强。负荷特性出现新变化，冬季用电高峰提升至夏季用电高峰的 85%～98%，接近甚至超过夏季高峰，日内双峰表现为尖峰负荷上升、峰谷差拉大。受天气等因素影响，新能源发电高峰与用电高峰存在季节性、日内等不同时间尺度上的不匹配。

（1）电源新特点及趋势。

电源装机方面，由可控连续出力的煤电主导变为由强不确定性的新能源主导，非化石能源发电装机容量超过煤电装机规模；电源发电量方面，煤电占比最大，仍是保障中国电力安全稳定供应的基础电源。

全口径非化石能源发电装机容量超过煤电装机容量。截至 2022 年 9 月底[1-2]，全国煤电装机容量为 11.1 亿 kW，占总发电装机容量的比重为 44.8%，同比下降 3.1%；全口径非化石能源发电装机容量为 12.1 亿 kW，同比增长 15.4%，占总发电装机容量的比重为 48.7%，超过煤电装机容量的比重，电源装机延续绿色低碳转型趋势。2017—2022 年前三季度煤电和非化石电源装机情况如图 1-1 所示。

煤电发电量占全口径总发电量的比重接近六成，是保障电力供应安全的基石。2022 年前三季度[1-2]，全口径非化石能源发电量约为 2.4 万亿 kW·h，占全口径总发电量的比重为 38%。全口径煤电发电量约为 3.8 万亿 kW·h，占全口径总发电量的比重接近六成。煤电仍然是当前中国电力供应的最主要电源，也是保障电力安全稳定供应的基础电源。2017—2022 年前三季度煤电和非化石电源发电量占比如图 1-2 所示。

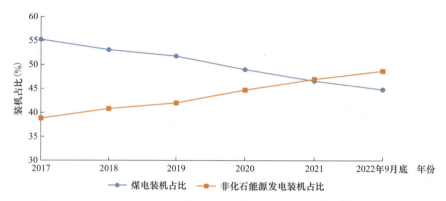

图 1-1　2017—2022 年前三季度煤电和非化石电源装机占比

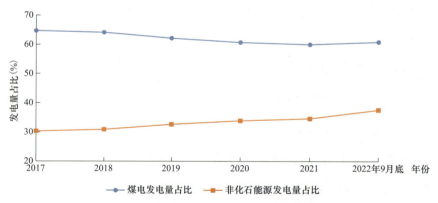

图 1-2　2017—2022 年前三季度煤电和非化石电源发电量占比

核电、火电和风电发电设备利用小时数同比分别提高 321、280、91h。 2022 年前三季度，全国发电设备平均利用小时数为 2880h，同比提高 113h。分类型看，水电设备利用小时数为 2794h，同比降低 100h；核电设备利用小时数为 5842h，同比提高 321h；火电设备利用小时数为 3339h，同比提高 280h，其中，煤电 3450h，同比提高 318h；风电设备利用小时数为 1640h，同比提高

91h；太阳能发电设备利用小时数为 1006h，同比降低 4h。

（2）负荷新特点及趋势。

电力用户由刚性、纯消费者变为柔性、产消者；分产业来看，第一产业用电量占比保持持平，第二产业增速下降，第三产业和居民生活用电量占比升高，这将导致电网负荷峰谷差增加；分省份来看，26 个省份用电量实现正增长。

2022 年前三季度[1-2]，全国全社会用电量为 6.49 万亿 kW·h，同比增长 4.0%，总体保持平稳较快增长。

2022 年前三季度分部门来看，第一产业用电量占比保持持平。 第一产业用电量 858 亿 kW·h，同比增长 8.4%，在总用电量中占比 1.3%。**第二产业总体占比小幅降低。** 第二产业用电量 4.24 万亿 kW·h，同比增长 1.6%，在总用电量中占比 65.2%，较 2021 年底降低 2.3%[3-6]。**第三产业和居民生活用电量两年平均增速已基本恢复至正常水平，总体占比升高至 33.4%。** 第三产业用电量 1.14 万亿 kW·h，同比增长 4.9%；城乡居民生活用电量 1.03 万亿 kW·h，同比增长 13.5%。2022 年 8 月，全国平均气温达到 1961 年以来历史同期最高水平，拉动空调降温负荷快速增长，当月居民生活用电量增速高达 33.5%，其中，重庆、湖北、四川、浙江、陕西、江西增速均超过 50%。**第三产业和居民生活用电量占比升高将拉大电网负荷峰谷差。**

2017—2022 年前三季度全国全社会用电量分部门结构如图 1-3 所示。

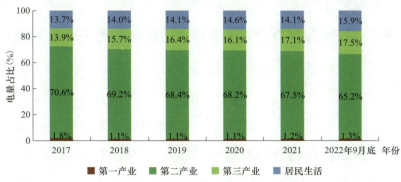

图 1-3　2017—2022 年前三季度全国全社会用电量分部门结构

中部地区用电量同比增长 **8.4%**，增速领先。2022 年前三季度，东、中、西部和东北地区全社会用电量同比分别增长 2.5%、8.4%、4.4%、0.1%。东部和东北地区受疫情等因素影响，前三季度用电量增速偏低。前三季度，全国共有 26 个省（区、市）用电量实现正增长，其中，西藏、云南、安徽、湖北、河南、四川、重庆、江西、青海、山西、宁夏、湖南、陕西、内蒙古等 14 个省（区、市）用电量增速均超过 5%。

1.3　新型电力系统下电网功能作用

(1) 电网形态向适应大规模集中式新能源和量大面广的分布式能源接入演进，促进能源清洁低碳转型。

随着能源生产的加速清洁化、消费的高度电气化，电网资源配置作用更趋平台化，电网形态由单向逐级输电为主的传统电网，向包括交直流混联大电网、微电网、局部直流电网和可调节负荷的能源互联网转变，由电力枢纽向能源枢纽转变，清洁能源优化配置和消纳能力大幅提升。一方面，**有效支撑和促进大型电源基地集约化开发、远距离外送**，通过特高压和各级网架的持续完善，推进新能源供给消纳体系建设，更好地服务沙漠、戈壁、荒漠等大型新能源基地建设。另一方面，**有效提升配电网综合承载能力**，加快建设现代智慧配电网，促进分布式能源发展，推动电氢热气等多能协同互补，满足各类电力设施便捷接入、即插即用。

(2) 电网充分挖掘源网荷储智调节潜力，强化电力安全保障能力。

新型电力系统多高多峰特征将日益凸显，叠加极端天气等因素影响，保供应、保安全的形势愈加严峻，电力供应紧张和安全运行风险将长期存在，需要电网发挥枢纽作用，有效保障系统安全稳定运行。**一是电力供需平衡向概率化、多时空尺度的源网荷储智协同模式转变**，电源结构向强不确定性、弱可控性转变，负荷侧更趋复杂多元化，电力电量平衡需以坚强智能电网为枢纽平台,加强一二次能源协同,以源网荷储智互动与多能互补为支撑,构建多时空尺度的灵活性供需平衡体系。**二是系统广泛电力电子化下多层次协同安全保障更趋重要,**源网荷储高比例电力电子设备广泛接入,造成系统动态支撑调节能力较弱,大电网和配电网安全稳定风险加大,需要从交直流混联电网稳定运行、主配网协同调控、海量资源控制等方面提升多层次安全保障水平。**三是极端情况下电网应急保障,**面对极端天气和自然灾害多发威胁,电网运行仍存在薄弱环节,需要加强关键基础设施防护、多主体应急保障。

(3) 电网经济发展促进电力资源高效配置,合理疏导系统转型成本。

随着新能源发电本体成本持续下降,逐步进入"平价上网"时代,但考虑支撑新能源并网利用所付出的额外成本,系统成本呈升高趋势,如何以更经济的方式实现能源转型,是构建新型电力系统的难点所在。**一是机制模式创新更有助于在更高水平统筹安全、绿色、经济发展目标,**面对低边际成本和高系统成本的冲突,需要创新市场价格机制、商业模式,通过合理途径疏导高系统成本,反映电力能源资源在不同时间空间的真实供需价值。**二是电网质效发展要求更高,**电网作为资源配置的枢纽平台,通过提高电网运行效率效益,在提升资源配置效率的同时,也有助于降低系统整体运行成本。

(4) 电网共享发展推动能源电力产业链现代化,支撑经济高质量发展。

新型电力系统下电网发展带动作用更加彰显,通过提升电网共享发展水平,为经济社会发展提供安全可靠、优质高效供电服务支撑,保障和改善民生。**一是带动产业链上下游投资作用更为突出,**电网产业链上下游资金密集、技术密集,产业链长、价值密度高、影响面广,对经济发展带动效应明显。通过积极发挥产业链"链长"作用,促进能源电力产业转型升级,带动上下游产业创新发展,为创造经济发展新空间,支撑、促进、引领经济发展方式和布局绿色升级提供持久动能。**二是服务新型城镇化建设和乡村振兴作用更为突出,**随着工业化、新型城镇化加快推进,乡村振兴和区域协调战略大力实施,电力营商环境亟待进一步加强建设,需要通过电网基础设施建设,满足城乡居民生产、生活安全可靠清洁用能需求，强化供电服务保障，为全面乡村振兴、共同富裕提供充足电力保障，促进区域经济协调发展。

（5）电网技术创新加快推动向能源互联网升级，提高创新驱动水平。

伴随电力系统的数字化与智能化转型，新型电力系统将转向以智能电网为核心、可再生能源为基础、互联网为纽带，通过能源与信息高度融合，加快推动电网向能源互联网升级，促进发输配用各领域、源网荷储智各环节、电力与其他能源系统协调联动。**一是传统电网与智能化技术广泛融合**，更好发挥柔性输电、多能转换等技术作用，将传统电网升级为具有强大能源资源优化配置功能的智能化平台。**二是应用"大云物移智链"等技术提升电网可观性与可控性**，采用先进的信息技术、智能终端和平台，使得能量和信息双向流动，支撑源网荷储的高效互动。

2

新型电力系统下电网形态
演进

2.1 输电网"三维一体"强化互联互济

随着新型电力系统的构建，输电网从平台化、坚强化、灵活性等三个维度一体化加强互联互济，提升电网资源配置能力。平台化是指加强跨区跨省交直流输电通道建设，提升电网对新能源的跨区域配置能力。坚强化是指建设超高压联网工程，补强省级联网和电力汇集、疏解能力。灵活性是指加快建设抽水蓄能电站，完善电网调度方式，提升电网灵活性水平。

近年来，电网建设规模稳步扩大，增速有所放缓。截至 2021 年底，全国电网 220kV 及以上变电设备容量共 49.4 亿 kV·A[3-6]，同比增长 5.0%，输电线路长度 84.3 万 km，同比增长 3.8%，重大输电通道工程建设持续推进，共建成投运 32 条特高压线路，包括国家电网经营区域内 15 条交流特高压、13 条直流特高压，南方电网经营区域内 4 条交流特高压。2021 年全国跨区送电量完成 6824 亿 kW·h，比上年增长 5.8%，增速比上年回落 7.6 个百分点。西北、西南和华北是主要外送电区域，合计送出电量占全国跨区送电量的 74.6%。

2021 年以来，在电网平台化建设方面，加强华中特高压"日"字环网构建，西南水电外送通道建设加速，促进西北沙漠戈壁荒漠等绿色能源基地开发利用，通过全国统一电力市场交易平台实现区域电力互济。在网架坚强化补强方面，通过闽粤联网工程加强南方电网公司和国家电网公司联网，加强西北、西南地区清洁能源外送通道建设，补强西北、东北、华北地区超高压电网结构，为送端电源汇集和受端功率疏解提供通路。在电网灵活性提升方面，通过抽水蓄能电站建设提升大电网调节能力，保障大电网安全和促进新能源消纳。通过调控技术革新满足高比例、大规模新能源接入需求，实现新能源总体协调控制。

2.1.1   提升跨区域资源配置能力

加快构建华中特高压环网。南昌—长沙 1000kV 特高压交流工程于 2021 年 12 月投产，通过 1000kV 特高压骨干网架实现江西与湖南电网直联互通，对于提升赣湘电网接受外电能力和安全稳定水平、增强华中地区能源资源配置能力、保障电力可靠供应、落实长江经济带发展战略具有重要意义。驻马店—南阳、驻马店—武汉、荆门—武汉、南昌—武汉、南昌—长沙、南阳—荆门—长沙特高压交流工程将与在运的晋东南—南阳—荆门特高压交流工程形成覆盖南阳、驻马店、武汉、荆门、南昌、长沙的"日"字形华中特高压交流联网。华中特高压交流环网建成后，将可以满足多直流馈入后华中电网安全稳定运行要求，保证区内任一特高压直流发生双极闭锁故障时，各相关省份电网均可保持安全稳定运行。2021 年以来，南阳—荆门—长沙 1000kV 特高压交流工程、荆门—武汉 1000kV 特高压交流工程、驻马店—武汉 1000kV 特高压交流工程、驻马店—南阳 1000kV 特高压交流工程都已陆续开工建设。表 2-1 为华中特高压环网包含的输变电工程。

表 2-1   华中特高压环网包含的输变电工程

序号	特高压工程	线路长度 (km)	投资金额 (亿元)	变电容量 (万 kV·A)	时间节点
1	晋东南—南阳—荆门 1000kV 特高压交流试验示范工程	640	57	600	2009 年 1 月投运
2	驻马店—南阳 1000kV 特高压交流输变电工程	2×188.4	21.6	600	2019 年 3 月开工
3	驻马店—武汉 1000kV 特高压交流工程	2×287	38	600	2022 年 3 月开工
4	荆门—武汉 1000kV 特高压交流工程	2×233	65	600	2022 年 9 月全线贯通
5	武汉—南昌 1000kV 特高压交流工程	2×462.9	91	—	2022 年 9 月开工

续表

序号	特高压工程	线路长度（km）	投资金额（亿元）	变电容量（万 kV·A）	时间节点
6	南昌—长沙 1000kV 特高压交流工程	2×341	102	1200	2021 年 12 月投运
7	南阳—荆门—长沙 1000kV 特高压交流工程	625.8	84	280	2022 年 10 月投运

西南水电开发进一步提速。雅中—江西±800kV 特高压直流输电工程于 2021 年 6 月正式投运，最大输送功率 800 万 kW，工程投运后四川电网跨省外送能力提升至 3800 万 kW。该工程每年可将四川 360 亿 kW·h 清洁电量输至华中地区，替代原煤 1620 万 t，减排二氧化碳 2660 万 t。白鹤滩—江苏、白鹤滩—浙江±800kV 特高压直流输电工程目前正在建设中，额定输送容量均为 800 万 kW，工程建成后，对于优化能源配置、保障电力供应、拉动经济增长、推动绿色发展、引领技术创新等具有显著综合效益和长远战略意义。

促进沙漠戈壁荒漠等绿色能源基地开发利用。陕北—湖北±800kV 特高压工程于 2022 年 4 月投运，额定输送容量 800 万 kW，将推动陕北煤电和新能源规模化发展，同时可缓解湖北迎峰度夏、迎峰度冬期间供电紧张局面，提升跨区域电能调剂能力，有效满足华中地区日益增长的用电需求。2022 年 2 月，国家发展改革委、国家能源局印发《以沙漠、戈壁、荒漠地区为重点的大型风电光伏基地规划布局方案》，为风光大基地建设规划出了明确的路线图。国家电网公司加快推进大同—天津南交流以及陕西—安徽、陕西—河南、蒙西—京津冀、甘肃—浙江、藏电送粤直流等"一交五直"6 项特高压工程前期工作，开展沙漠、戈壁、荒漠大型风光电基地送出通道方案研究，超前谋划项目储备，提升电网对可再生能源发电的消纳能力。

如图 2-1 所示为中国 7 个区域或省级同步电网互联示意图。

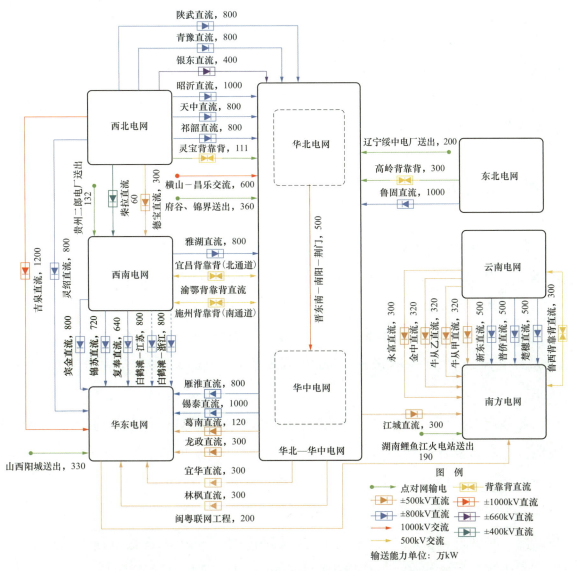

图 2-1　中国 7 个区域或省级同步电网互联示意图❶

2.1.2　补强省级联网和电网薄弱

　　闽粤联网工程加强南方电网和国家电网联网。2022 年 9 月，闽粤联网工程正式竣工投产，输送容量 200 万 kW，广东、福建两省电网首次实现

---

　　❶　蒙西电网与华北电网统一调度，在图中未区分体现。

互联互通，促进电力互补互济、调剂余缺，应急情况下可以互为备用、相互支援，进一步提升极端条件下的保供电能力和事故应急处置能力，提高电网资源优化配置能力和经济运行水平。闽粤电网互联互通，推动形成了联系紧密、规模更大的电网平台，通过能源在更大范围内的时空互补、多能互补与源网荷储协同控制，有力促进福建清洁能源大规模开发利用和并网消纳，同时，进一步扩大广东发展清洁能源空间，进一步优化粤港澳大湾区与海峡西岸经济区能源结构，对于构建清洁低碳、安全高效的能源体系具有重要作用。

加强地区清洁能源外送通道建设。在青海、宁夏、江苏、四川等地启动郭隆至武胜第三回750kV输电线路工程，建成宁夏妙岭750kV智能化变电站工程、江苏通海500kV输变电工程、四川马尔康500kV输变电工程，有效提升青海千万千瓦级新能源基地、宁夏中南部大规模新能源的汇集和送出、江苏海上风电的大规模送出、四川阿坝地区大渡河流域清洁能源的送出需求。

补强南方、西北、东北、华北地区超高压电网结构。南方电网投产粤港澳大湾区直流背靠背电网工程，应用柔性直流输电技术将粤港澳大湾区同步大电网分解为多个不同步的小区域电网，解决广东电网短路电流超标、多直流落点风险、大面积停电三大问题，显著提升广东电网电力供应和配置能力。建设新疆凤凰—乌北Ⅱ回750kV输变电工程，提高伊犁至乌鲁木齐输电通道的送电能力，将伊犁电网富裕的电力送至乌昌电网，切实保障乌鲁木齐地区供电可靠性。建成河北衡沧500kV输变电工程，形成"石家庄特高压—武邑—衡沧—沧西的双环网通道"，实现了地区互供、电网结构优化，有效缓解沧州、衡水地区电网迎峰度夏负荷压力，进一步提升沧州南部地区电网供电可靠性。建成吉林500kV龙嘉变电站扩建工程，解决长春市周边高峰负荷期间主变压器重过载问题，更好地满足吉林省电网"东西互济"需求，缓解长春地区冬夏两季用电高峰压力，进一步提高供电可靠性。

2.1.3   提升大电网调节控制能力

加强抽水蓄能电站布局和建设。 2021 年 10 月发布的《中共中央 国务院关于完整准确全面贯彻新发展理念做好碳达峰碳中和工作的意见》提出，加快推进抽水蓄能和新型储能规模化应用。抽水蓄能作为电力系统中重要的调节电源，一直承担着保障大电网安全和促进新能源消纳的重要任务。

随着新型电力系统中新能源占比越来越高，新能源具有随机性、波动性、间歇性的特性，需要与灵活性电源协同运行。抽水蓄能在电力系统中具有调峰、调频、调相、储能、系统备用、黑启动等功能。在系统发生频率波动时，抽水蓄能可以进行较长时间的持续功率支撑，以维持电网频率稳定。2022 年 1—7 月，国家电网公司加快布局抽水蓄能电站，开工建设浙江泰顺、江西奉新、湖南安化、黑龙江尚志等 4 座，河北丰宁、山东沂蒙、吉林敦化、黑龙江荒沟、安徽金寨 5 座抽水蓄能电站 8 台机组投产，新增装机容量 245 万 kW。下半年再投产河北丰宁 4 台、安徽金寨 1 台抽水蓄能机组，新增装机容量 150 万 kW，开工辽宁庄河、宁夏牛首山抽水蓄能电站，进一步提升系统调节能力，加快推动能源清洁低碳转型。2022 年 5 月，南方电网建设的广东梅州、阳江 2 座百万千瓦级抽水蓄能电站同时投产发电。粤港澳大湾区电网抽水蓄能总装机容量近 1000 万 kW，高峰时段顶峰能力大幅提高。

加强调控决策精细化水平。 在实现"双碳"目标和建设新型电力系统的背景下，浙江电网新能源增长十分迅速。2021 年浙江新能源装机容量达到 2498 万 kW，装机占比同比提高 28.6 个百分点，已成为浙江省内第二大电源。电能在终端能源消费比重也达 36% 左右，高出全国平均水平 9 个百分点。

2021 年以来，国家电网经营区域内浙江电网积极探索新型电力系统调度体系建设，主动支撑新型电力系统省级示范区建设。**电网调控方式从突出主网调度向全网协调调度转变。** 为满足新型电力系统调控要求，推动源网荷储智友好互动调节。在电源侧，优化新能源等机组并网投运流程，切实做到"应并尽并"。在电网侧,通过虚拟电厂聚合、柔性潮流控制、主配网无功协同、最优潮流优化等手段,进一步提升电网运行效能。在负荷侧,试点通过可中断负荷、负荷聚合商等提供辅助服务,积极参与电网调节互动。在储能侧,开展储能参与电力辅助服务市场工作。**加强发用电平衡预测精准度**。国网浙江公司研发新一代新能源功率预测系统,进行气象预测和网格预测等差异化预测技术,实现风电月均日前预测准确率90.99%,光伏月均日前预测准确率94.28%,远高于行业要求80%的预测标准。**提升电网安全稳定运行数智化水平**。国网浙江公司打造新型电力系统智慧调度运行大脑品牌项目,将数字智能新技术应用到电网运行中,强化新一代调度技术支持系统、新一代变电站二次系统和5G电力示范的引领作用。

南方电网提出**以数字电网推动构建新型电力系统**,深度融合数字化技术与电力技术,优化与整合电力发、输、变、配、用全过程,实现电能量传输全过程在线监测、一体化管控、可视化展示及智能化分析决策,提升新型电力系统对大规模新能源并网的支撑能力及安全调控能力,保障发电侧"全面可观、精确可测、高度可控",形成电网侧云边融合的调控体系,支撑用电侧有效聚合海量可调节资源实时动态响应,通过供需生态合力,高水平保障新型电力系统的电能量传输。

2.2　配电网数智化升级促进柔性互动

配电网直接面向用户,且具备源网荷储智各要素,是新型电力系统构建的重要内容。随着分布式电源、多元负荷、储能、微电网、虚拟电厂等新要素的规模化接入,配电网由单向分配电能向能源资源多元互动的资源配置平台演进,要求加快推进数字化、智能化升级,提升配电网柔性互动能力,高质量支撑新型电力系统构建。

2.2.1　配电网发展概况

近年来，配电网建设增速明显，自 2014 年配电网投资已连续 7 年超过输电网，电网投资总体向配电网倾斜，配电网发展规模较大。截至 2021 年底，全国 35～110kV 配电网变电设备容量为 25 亿 kV·A[3-6]，比上年增长 4.0%。全国 35～110kV 配电网线路回路长度为 141 万 km，比上年增长 2.7%。各地区加快配电网建设升级，在保障安全运行、促进分布式新能源消纳、提升智能化水平方面均做了很多实践。

一是加强配电网网架坚强基础，提升安全保供能力。当前极端自然灾害频发，配电网形态对源网荷储智的应急协调能力有待提升，部分省市公司提出配电网发展新理念，提升配电网安全韧性。**弹性配电网建设方面**，2021 年以来，国网浙江公司推动建设多元融合高弹性电网，以电网弹性提升主动应对大规模新能源和高比例外来电的不确定性和不稳定性。主要特征之一是高自愈，指能够抗击外来干扰并且迅速恢复原有稳定状态能力，规划适应各类灾害冲击扰动及故障隔离的拓扑结构，提升配电网极端事件感知预警水平，提高配电网的灵活控制与主动支撑能力，实现极端情况下配电网智能自愈和快速恢复。**国网上海公司提出建设"钻石型"配电网**，以 10kV 开关站为核心节点、双侧电源供电、配置自愈功能的双环网电网结构，以高安全可靠性，兼具经济性和可实施性为目标，具备安全韧性、可靠自愈、经济高效、易于实施等多重优点，目前已在西虹桥、徐家汇及张江科学城等地区试点应用。**配电网跨市互联互通方面**，2022 年 7 月，广州首个跨市配电网互联互通项目投产运行，广州从化与清远清城 2 条 10kV 电力线路进行了联络，可实现从化地区 2500 多个用户在 3min 内通过配网自愈技术快速复电，减少从化区鳌头镇聚龙庙片区年停电时间约 3h。

二是促进配电网的柔性互动，提升配电网对新要素适应性。传统交流配电网采用"闭环接线、开环运行"的模式，源网荷之间单向传输、联动性弱，规模化新要素的接入，导致部分地区配电网承载能力受到较大挑战，对供电质量、新能源消纳等造成了较大影响，为此部分地区通过加强电网协调互动以及示范应用直流配电技术，提升了对新要素接入的适应性。**2021 年以来国网山东威海公司提出建设"精致电网"**，其中一项重要示范内容是建设蜂巢立体弹性新型能源互联网。主要是以探索构建地市级新型电力系统为导向，把城市配电网的"手拉手"结构转变为"蜂巢型"电网结构，利用柔性开关，接入分布式电源、储能充电桩等电气设备，以环网结构形态运行，实现内部源网荷储智的协调互动，可以保证大规模电动汽车有序充电、大批量分布式电源可靠接入。**直流配电技术应用方面**，近年来随着交直流配电网的优势凸显，在城市高可靠性供电区域、工业园区、楼宇建筑等应用场景涌现出了一批直流配电网示范工程，有效整合分散的分布式电源和柔性负荷，同时引入"光储柔直"等用户侧新形态，有效支撑分布式新能源规模化开发利用和各种用能设施"即插即用"。

三是加快数字化技术融合应用，提升配电网智能化水平。随着大规模分布式资源接入，配电网监控的对象种类和规模呈现数量级增长，分布式新能源等新要素的可观可测可控水平仍较低，电网加快数字化技术应用，持续提升配电网智能化水平。国家电网公司全面推进数字技术在电网各环节、各领域广泛应用，提升电网智能互动和安全运行水平。2022 年 1 月，国网江苏公司省级配网数字化管控平台上线运行，构建了省、市、县级分层管理和风险分级管控模式，可对配网设备状态进行实时感知和预警，并依托数据中台实现跨专业的数据融合与关联，贯通"线 - 变 - 户"的全链路信息，自动感知配网异常问题，辅助诊断异常原因并给出治理策略，从而提升配网的精益化与数字化管控能力。南方电网公司在数字电网理念下推进数字配电网建设，以设备数字化为基础，以"模型＋数据＋算法＋定制化软件"建设为途径，构建"坚强配电网和数字孪生电网"，实现配电网"设备状态、运行环境、作业风险、用户用电"的全感知，支撑配电网管理业务数字化和数字业务化。

2.2.2 配电网形态发展展望

面对新型电力系统构建新形势，配电网需要突出安全、绿色、智能、高效的发展方向，不仅要在网架结构、调度控制等层面加快发展升级，大力加强网架结构和供电能力，有序推进分布式资源可观可测和智能控制，还需要加强机制模式创新，通过电力市场价格机制、商业模式等深度挖掘用户侧资源调节潜力，拓宽调节资源范围，全力支撑新型电力系统构建和智慧配电网建设，提高配电网的适应性、可靠性以及数字化、智能化水平，更好地支撑新能源科学高效开发利用和多元负荷友好接入。

"十四五"及今后一段时期，满足用电增长需求、保障电力安全可靠供应是配电网的首要责任，推动技术变革、提升数字化智能化水平是配电网的重要方向，服务新要素发展和能源低碳转型是配电网的重大任务。以下主要从网架结构、调度控制、机制模式等方面对配电网形态发展进行展望。

（1）网架结构。

网架结构是形态发展的基础，主要明确配电网物理构成要素、配电网网架结构发展方向以及组网相应的关键设备，呈现源网荷储智多要素协同。发展面临的问题挑战包括，一是安全保供压力大，配电侧要需要加强源网荷储智协同发展，提高新能源容量置信度；二是新能源消纳能力需要加强，部分地区电网承载能力不足。

配电网的供电方式从单向供电向双向有源网络转变，并伴随高比例分布式新能源和电力电子化特征。**电源**以分布式新能源为主，**平衡模式**由确定性"源随荷动"向概率性"源荷互动"演进，使"自平衡、自管理、自调节能力"不断提升，**网架结构**通过高压坚强支撑、中压灵活互联、低压形态多样，形成源网荷储智慧协同发展、多能耦合互补互济、交直流多形态混联的配电网，通过局域单元的"小平衡"实现更广范围"大平衡"，形成源网荷储智互动与多能互补的发展形态。

从各电压等级看，电压序列整体上遵循现有交流序列叠加新增直流序列。**高压配电网**结构足够加强，近中期不会发生太大变化；**中低压配电网**互联水平提升，灵活转供能力提高；在高比例分布式电源接入地区，按用户需求和管控能力设计基本单元，强化区域自平衡能力，源网荷储一体化等自平衡形式增多。

从发展场景看，因源荷资源时空分布及匹配特性，形态呈现发展差异化特征。**城市配电网**分布式电源相对较少，电动汽车、数据中心等多元负荷较多，主要依托大电网，重点在提升城市核心区电网结构、用能侧多能互补水平，分布式电源、直流负荷密集地区主要以直流形式组网；部分工业园区可实现一定比例的自平衡，大电网呈现备用调节关系。**农村配电网**主要推动以具备自平衡能力的局域电网形式并网，促进分布式电源的就地就近消纳，对于边远地区主要以微电网形式，促进内部源荷的匹配。

2022 年 4 月，中央财经委第十一次会议提出发展分布式智能电网，主要是推动能源绿色低碳转型和确保电网安全可靠供应，强调发展分布式新能源和建设智能电网并重。分布式智能电网是新型电力系统的重要组成部分，是未来配电网演进的重要形态。分布式智能电网以智能化手段实现源网荷储高效协同，推动配电网数字化智能化升级，激励机制和交易模式更加灵活高效，有效融合分布式新能源与柔性负荷，促进分布式新能源就地就近消纳，既能保障配电网安全可靠运行，又能够主动响应系统调节，有助于大电网安全稳定运行。

（2）调度控制。

调度控制是形态发展的关键，涵盖一二次系统协同发展，满足未来多能流、多时标、高维数、离散连续混合、大量非线性等极为复杂形态的配电网控制方式/策略，解决分布式资源协调运行控制等问题。发展面临问题包括：各类新要素的可观可测水平仍然偏低、各业务系统相互独立、电网对新要素的分级分类调控策略不明确。

一是信息感知全景透明。终端感知，源网荷储设备信息、运行信息、状态信息实现全面感知，深化最小化采集技术及边缘处理技术应用，实现"终端少布置、数据少跑路"。高效传输，明确配电网全业务场景通信技术路线，应用4G/5G承载涉控业务、中低压双模通信等技术，统筹布局光纤无线网络，实现数据经济高效传输。存储共享，明确数据存储主体及交互需求，以企业级实时量测中心、数据中台为汇聚中心，构建"实时汇聚、数据透明"的数据存储交互架构，满足电网业务对数据的共享需求。

二是业务融合高效协同。用户服务需求不断提高，推动营配调规业务在管理末端交叉协同。统筹电网营配调规全业务应用场景，优化重组业务数据流通模式。拓展智慧能源、新能源云平台等业务应用，构建开放共享、应用融合、价值创造的配电网应用体系。

三是运行控制智能互动。提升分布式新能源、新型储能等新要素的可观可测可调可控能力，加强分层分区集群控制，促进群内平衡和群间功率互济，控制单元包括微电网等平衡单元模式的本地控制，以及虚拟电厂跨地域控制模式。配电网与数字基础设施融合发展，运行控制方式向数字化技术支撑的智能调度加速转变，新要素新业态智能调控。

(3) 机制模式。

机制模式是形态发展的价值体现，促进新模式、新业态，适应未来市场参与主体多元、交易机制复杂的需求，有效应对多主体互动博弈所带来的挑战。发展面临的问题挑战包括，新要素参与电力市场的机制规则不健全、新能源成本与电网备用费价格机制不完善等问题。

对于演变趋势，市场主体更趋多元，分布式新能源、新型储能、多元负荷、微电网等新要素快速发展，市场活力逐步激发。**交易品种更趋多样**，电能交易、容量交易、辅助服务交易、绿电交易持续优化，碳交易、金融交易等新品类与电力市场的对接机制不断完善。**资源平台化更趋配置**，通过构建统一开放、竞争有序的电力市场体系，充分发挥交易平台作用，全面承载各类能源资源的优化配置。

一是明确分布式电源等新要素的市场主体地位，承担主体责任。针对分布式电源高比例接入地区，作为电量供应主体也应承担相应市场主体地位的义务，近期可考虑将10kV及以上分布式新能源纳入考核范围，根据市场机制分摊偏差考核费用，如调峰、调频服务费用和优发优购曲线匹配偏差费用等，远期将更多户用光伏逐步纳入考核，更有效地促进源荷就地匹配。

二是完善针对微电网、新型储能等新要素参与市场交易的价格机制和实施细则。强化落实交叉补贴、备用容量费等应尽责任，为新要素公平参与各类电力市场获取合理收益创造条件。

三是建立可持续发展的机制模式，引导社会资源广泛参与。考虑多主体利益诉求，创新市场机制、价格机制、商业模式等，形成各类主体深度参与、高效协同、共治共享的能源电力生态圈，满足分布式资源、聚合体参与电网互动相关利益方的价值诉求，实现市场主体多元化、交易品种多样化、资源配置平台的共赢发展。

3

电网低碳发展

3.1　电网促进清洁能源消纳

构建新型电力系统首先是能源电力行业绿色低碳转型的内在要求，要在促进清洁资源更大范围优化配置、推动分布式清洁能源发展、有效维护清洁能源发展下系统安全、形成促进清洁能源资源高效配置的体制机制方面发挥更大作用。

截至 2022 年 6 月底，中国可再生能源发电装机容量达 11.18 亿 kW。其中，水电装机容量为 4 亿 kW（其中，抽水蓄能装机容量为 0.42 亿 kW）、风电装机容量为 3.42 亿 kW、光伏发电装机容量为 3.36 亿 kW、生物质发电装机容量为 3950 万 kW。可再生能源发电量实现稳步增长，上半年全国可再生能源发电量达 1.25 万亿 kW·h。同时，可再生能源保持高利用率水平。上半年，全国主要流域水能利用率为 98.6%，较上年同期提高 0.2 个百分点；风电平均利用率为 95.8%，光伏发电平均利用率 97.7%，均保持在较高水平。

（1）电网促进清洁能源跨省跨区外送消纳。

中国在运特高压线路形成西南水电基地和东北、西北风光基地向华中、华东、华南负荷中心配置格局。响应沙漠、戈壁、荒漠规模开发，加快论证相关绿色能源基地外送项目。统筹各级电网协调发展，在供需两侧协同发力。从持续完善骨干网架到不断优化电网结构，从创新攻克输电技术到促进源网荷储智协调互动，形成以东北、西北、西南区域为送端，华北、华东、华中区域为受端，以特高压和 500（750）kV 电网为主网架，区域间交直流混联的电网格局。电网更加安全可靠，能源资源优化配置的范围更大、能力更强。2020 年 12 月至 2022 年 7 月间开工的 ±800kV 青海－河南直流工程、±800kV 雅中－江西直流工程、±800kV 白鹤滩－江苏直流工程每年将西北、西南合计 1000 亿 kW·h 以上的清洁电力送至负荷中心，可让受端省份年均减少 8000 万 t 以上二氧化碳排放。

（2）电网促进分布式清洁能源就近就地利用。

近年来，以分布式光伏为代表的分布式清洁能源装机水平大幅提升，2022年上半年，分布式新增装机容量1965万kW，占同期新增光伏规模的64％，其中，户用新增装机容量891万kW，占比29％；工商业新增装机容量1074万kW，占比35％，工商业分布式光伏已逐步成为分布式装机主力。截至2022年6月底，分布式光伏累计并网容量1.3亿kW，占光伏总并网容量的37.7％。随着分布式光伏规模化开发，大量分布式新能源接入城乡电网，配电网由单向输送电能为主的传统电网向能源互联网转变，需不断提高适应性、可靠性以及数字化、智能化水平，更好支撑新能源科学高效开发利用和多元负荷友好接入。

一是加速新型配电网终端设备研制，提升分布式光伏的可观可测可控能力。以山东电网为例，研发装备了一二次融合型光伏并网断路器，具备过电流长延时保护、过电流短延时保护、额定瞬时短路保护、剩余电流保护、端子及触头过温度保护5种常规保护，以及过/欠电压保护、被动式防孤岛保护、并网发电电能质量保护、发电电流三相不平衡保护、分布式光伏发电带电并网保护5种特殊保护功能，实现用户低压分布式光伏的全面感知与安全可控。

二是积极发展群调群控的调控运行方式，提升电网对分布式可再生能源的运行管理能力，促进分布式光伏灵活性并网、高效利用。以安徽电网为例，在金寨县，开展了"分布式可再生能源发电集群灵活并网集成关键技术及示范"科技专项的研究与应用。应用分布式发电高性能即插即用并网技术，在分布式光伏用户安装可以自动调节电压的有载调容调压变压器，优化设置逆变器的技术参数，还为分布式光伏用户安装能够储存电力的逆变器，提升分布式能源利用效率。

三是持续提升电网对分布式光伏的服务水平，以数字化、智能化的手段，提升电网的服务能力和服务效率。以浙江电网为例，其致力于创新对分布式光伏的管理和服务模式。当地供电公司面向分布式光伏客户提供"一网通办"服务，依托"网上国网"App研发上线"绿电碳效码"应用，利用区域分布式光伏项目发电大数据，通过区域平均发电小时数对比分析，对分布式光伏项目发电水平分级评价，及时提醒客户开展光伏运维工作，促进光伏项目发电效率提升。

（3）电网持续发力提升高比例新能源接入系统的安全性。

近年来，随着新能源规模化接入电网，对电网的灵活调节能力和维持系统安全可靠性的能力不断提出新的要求，高比例新能源和高比例电力电子化设备接入使电网调控运行面临的风险逐渐增大，调峰、顶峰、调频、备用等需求持续增加。为此，电网不断提速灵活性资源建设，一大批抽水蓄能、新型储能等项目落地投运，保障系统安全稳定运行。2021 年 12 月投产发电的丰宁抽水蓄能电站一次蓄满可储存新能源电量近 4000 万 kW•h，全年可增加新能源消纳 87 亿 kW•h，有效支撑华北电网安全稳定运行。

一是电网的系统调节能力不断提升，高比例新能源接入的电力系统的灵活调控运行能力不断增强。为配合当地新能源发展，青海海南千万千瓦级新能源基地于 2021 年 11 月，投入首批 11 台新能源分布式调相机，形成世界最大规模的新能源分布式调相机群，可带动当地新能源消纳能力提升 185 万 kW。

二是积极发展需求响应资源，网荷协同提升可再生能源的高效利用。电网积极推动需求响应资源的利用，并促进市场化机制在系统调节中发挥资源配置的决定性作用。截至 2022 年 6 月，全国已有 23 个省份出台需求响应试点支持政策，资金来源已从政府专项资金逐步向尖峰电价增收资金、跨区跨省富余可再生能源购电差价盈余、市场化用户交易电量电费分摊、供电成本分摊等多种来源扩展，成为需求响应发展初期的固定补贴来源，华北、西北部分区域启动了需求侧资源作为第三方主体参与电力调峰辅助服务的报价与结算试点，运行效果良好。

（4）清洁能源交易机制逐步完善，清洁能源资源市场化配置能力大幅增强。

省间电力现货交易和绿电交易方面取得了突破性进展，进一步为清洁能源资源的高效配置提升了空间。**省间电力现货交易机制方面**，2021年11月，国家电网公司按照国家发展改革委、国家能源局要求，正式印发《省间电力现货交易规则（试行）》，是中国首个覆盖所有省间范围、所有电源类型的省间电力现货交易规则，有利于新能源资源在更大范围内高效配置。跨区域省间富余可再生能源现货市场试点2017年启动以来，交易组织、调度执行、计量结算等各环节运行平稳、市场活跃，挖掘了跨区输电潜力，到2021年累计成交超过250亿kW·h。**绿电交易方面**，2021年8月，国家发展改革委、国家能源局正式复函《绿色电力交易试点工作方案》，同意国家电网公司、南方电网公司开展绿色电力交易试点。同年9月7日试点启动，17个省份的259家市场主体，完成了首次79.35亿kW·h绿色电力交易，其中，北京电力交易中心完成68.98亿kW·h，广州电力交易中心完成10.37亿kW·h，首批绿电交易价格较当地电力中长期交易价格溢价0.03～0.05元/（kW·h）。

3.2　电网推动社会节能提效

构建新型电力系统不仅是能源电力行业自身高质量发展的要求，更是在全社会范围内，引导绿色生产生活方式，促进经济社会高质量发展的重要要求。

（1）服务交通领域用能清洁化发展。

电网积极服务交通领域的电气化改造，推动交通基础设施电气化升级。**推动港口岸电改造加快步伐。**2021年长江经济带投运岸电设施1203套，实现了长江干线主要钢构码头岸电基础设施全覆盖。**助推电动汽车充电设施发展建设。**电网积极服务电动汽车充电桩建设，加速电力基础设施和交通基础设施融合。加速推广充电桩接电业务"报装 - 安桩 - 接电"联网通办模式，2021年高效完成2.65万个社区有序桩布局。公共桩方面，据中国充电联盟统计，截至2022年6月，联盟内成员单位总计上报公共充电桩152.8万个，其中，直流充电桩66.5万个、交流充电桩86.3万个、交直流一体充电桩472个。

（2）服务交通枢纽能源综合高效利用。

在高铁站、机场等交通枢纽，促进终端用能环节的综合能源开发利用，提升用能效率。推动以厦门翔安新机场航站区综合能源站、青岛港综合能源服务为代表的综合能源项目加速推进建设。以雄安高铁站综合能源项目为例，敷设屋顶光伏 4.2 万 m²，年均可减少公共设施 580 万 kW·h 的购电需求，相当于节约标准煤 1800t，减少二氧化碳排放 4500t。

（3）推动工农业生产减碳降碳。

在工业生产中推进电能使用替代化石燃料，减少工业生产碳排放。 四川自贡电网助力制盐厂推广电锅炉和 MVR（压缩机设备）系统建设，年均能耗减少 6.8 万 t 标准煤，减少二氧化碳排放约 18.09 万 t。**利用大数据助力工业领域碳监测核查，为政府社会提供"碳电"信息服务。** 电网在浙江实施能源碳效码，贯通碳—能—电的数据链条，形成碳效率"一把公尺"；在山东创立碳电协同全息管理应用平台，为全省重点行业、企业开展碳核查、碳诊断业务提供"碳电全息地图"。**加快农村电网升级，满足农村清洁用能要求。** 持续提升农村电网供电能力、供电质量和数智化水平，因地制宜推广电气化温室大棚、农产品电烘干设备、电烤烟房，建设全电民宿、全电景区（街区）、电气化仓储物流基地，有力带动了农村能源消费清洁低碳升级。

（4）提升建筑综合能效水平和新能源消纳能力。

建立多能互补的建筑能源供应系统，优化建筑能源结构，提高能源利用效率。 电网利用综合能源技术打造北京冬奥绿色场馆，深入调研各场馆用能需求，配合场馆方开展电热膜、空气源热泵等取暖设施配置方案研究，全面使用电气化厨房等节能设施，满足全部 17 个冬奥场馆约 240MW 的总用能需求，实现绿色能源替代。**助力建筑"光储直柔"系统建设，利用多种柔性资源，平抑分布式光伏出力波动，促进清洁能源消纳。** 电网配合建设山西省芮城县庄上村、深圳未来大厦、首都体育学院、湖州市鲁能公馆等一批示范工程，单个系统用电容量从 40kW 到 1000kW 不等，提升建筑消纳光伏能力。

3.3　电网加强自身低碳发展

构建新型电力系统也是对电网践行自身减碳的内在要求，发挥实现"双碳"目标引领者的重要作用，从实施电网节能管理、建立电网碳管理体系、提升办公后勤领域节能水平等方面降低碳排放，发挥低碳发展引领示范作用。

(1) 实施电网节能管理。

电网坚持节约优先，优化电网结构，推广节能导线和变压器，强化节能调度，提高电网节能水平；加强电网规划、建设、运行、检修、营销各环节绿色低碳技术研发和应用，实现全过程节能、节水、节材、节地和环境保护。加强电网废弃物环境无害化处置，保护生态环境。国家电网公司将绿色发展理念融入电网建设运行全过程，优化选址选线，合理避让生态保护红线和环境敏感区，保护沿线森林、草原、湿地等各类生态系统；积极采用有利于保护环境的新技术新工艺新材料，落实各项环境保护和水土保持措施。

(2) 深化线损精细化管理。

电网优化运行方式，通过经济调度降低网损，专项治理电力设备残旧老化、三相不平衡、无功补偿不足、长期轻载或重过载问题，开展数字电网建设，以智能化大数据精准定位高损设备，提升降损工作效率。2021年，国家电网经营区域电网线损率为5.48%，同比下降0.37%，节约电量110亿kW·h；南方电网经营区域电网线损率为5.19%，同比下降0.51%，节约电量66亿kW·h。

(3) 建立电网碳管理体系。

国家电网公司积极参与全国碳市场建设运行和政策研究制定，推动构建以电网为中心的碳生态圈，建立碳管理制度、碳指标和对标体系，做好碳排放数据管理，挖掘碳减排资产，推进碳平台建设。南方电网公司成立南方电网碳资产管理公司，聚焦碳实业、碳服务、碳金融，着力打造"双碳"产业生态圈。

（4）提升办公后勤领域节能水平。

电网积极推进办公建筑能效监测及节能改造，组织开展生产辅助房产能源计量设备改造工作，大力提高企业节能环保汽车和新能源汽车占比，推动节能灯具、电磁厨具等节能服务产品在线上商城电商化采购，加大二级单位统筹采购力度，办公后勤节能减排水平不断提升。2021 年，国家电网经营区域办公领域减排 15 万 t，南方电网经营区域电网车辆电动化率较 2020 年底提升 97%。

4

电网安全发展

4.1 电力供应安全保障

（1）面临的挑战。

新型电力系统多高多峰特征不断凸显，叠加气候、来水、燃料供应等因素，电力供应和系统安全面临诸多挑战。新能源发电波动大、电力平衡支撑能力弱，负荷季节性高峰显著且峰谷差拉大，一次能源供应紧张、机组非计划检修，常规机组、储能等调节能力有限，给电力供应带来挑战，也是由以上多因素叠加导致近期东北、四川等地区电力供应紧张。

一是新能源出力受天气影响大，极端天气下长期处于小发状态，难以有效发挥顶峰作用。高比例新能源发电提供的电量贡献更加显著，但电力贡献较弱，季节上大风期和冬夏用电高峰期不一致，负荷高峰期新能源出力近60%的时间处于装机容量的15%以下，日内极热无风、晚峰无光，高比例分布式光伏接入地区遇到"鸭子曲线"难题，发电能力与用电需求不匹配，"源随荷动"运行模式不适应高比例新能源系统运行要求。如2021年9月东北电力供应紧张时期，3500万kW风电装机一度总出力仅有3.4万kW，不足装机容量的0.1%。

二是季节性负荷双峰更加显著，峰谷差逐步拉大，寒潮等极端气候导致负荷需求显著增加。第三产业和居民用电占比逐年提高，负荷尖峰化和峰谷差拉大明显。中国中东部非供暖区域过去35年共发生寒潮43次，单次最大影响面积为110万km²，气温最高下降14℃，负荷最大增长可达2亿kW。2021年1月7日寒潮期间，国家电网经营区域最大负荷达到9.6亿kW，同比增长超过27%。

三是燃料供应紧张、冬季枯水期、机组检修等因素叠加，加大电力供应难度。受煤炭、天然气等一次能源供应紧张、价格大幅上涨以及"运动式"减碳等影响，同时叠加冬季枯水期、供暖期、机组检修等因素，电力生产供应紧张。如 2021 年 9—10 月华东区域江苏、浙江等地采取有序用电措施，日最大避峰电力分别为 1417 万、914 万 kW。

四是目前常规电源、储能等调节能力及持续时长有限，难以应对高比例新能源的强波动性。新能源出力随机波动性需要可控电源的快速、深度调节能力予以抵消，当前常规电源调节深度有限，同时煤电发展规模受到严控，且储能等新兴资源受技术成本影响调节能力和持续时长有待提升。在新能源成为主力电源后，为满足用电需求必须超量装机，新能源出力可能远大于负荷，依靠占比不断下降的常规电源及有限的负荷侧调节能力，无法满足系统调节需求。

综合来看，气候因素对电力供应的影响显著增大。新型电力系统具有高度气象依赖性，极端天气下将引发新能源出力受限、电力设施破坏等，电力供应中断风险加剧。全球气候变暖背景下，极端天气的出现频次和强度明显增加，气象灾害的多发性、突发性、严重性日益突出。未来较长一段时期，中国全社会用电量仍将保持较快增长，随着大规模、高比例新能源发展，新能源随机性、波动性影响更加明显，叠加煤炭、燃气供应及价格波动带来的常规能源供给不确定性，电源发电能力不确定性增强。电力供需受季节、气候因素的影响更为明显，局部地区个别时段电力供应不足的风险加大。

(2) 应对的举措。

为保障电力可靠供应，需要立足能源资源禀赋，坚持先立后破，各方发力、多措并举，协同推动新型电力系统构建。针对电力供应紧张形势，从加强一二次能源协同、电网互联互济以及负荷调节管理等方面，加强电力供应保障。

一是加强一二次能源协同，发挥煤电等传统电源支撑性调节性作用。煤电等传统能源发电仍是电力可靠供应的主体，需要立足以煤为基础、国内供应为主的基本国情。统筹电力保供和能源转型，坚持"常规电源保供应、新能源调结构"，推进煤电与新能源优化组合，不断提升系统平衡调节能力，推动形成多元化供应体系。推动完善一次能源保障长效机制，加大电煤、燃气保障力度。对于煤电作用，需坚持"控制增量、用好存量、优化布局"原则，推动存量煤电灵活性改造，提升调节速率与深度调峰能力，将退役机组延寿改造转成应急备用电源，有效满足极端情况下电力应急保障需要。2021年以来，国家电网公司等电网企业密切跟踪电煤、燃气供应和来水情况，做好一次能源监测分析，最大限度释放煤电、气电发电能力，推动各级政府构建电力保供工作机制，加强电煤产运需衔接，保障电煤库存处于合理水平，确保华东等地区天然气供应。

二是加强电网互联互济，发挥电网资源配置作用。通过加强电网间的跨省跨区安全调剂余缺，增强电网间的功率交换能力，可以提高整个电网在空间上的再平衡能力。2022年7月以来，四川面临历史同期极端气温、最少降雨量、最高电力负荷叠加严峻局面，国家电网公司坚持全网"一盘棋"，深挖跨省跨区通道潜力，统筹做好余缺互济，最大限度支援川渝地区电力供应。通过德宝直流、川渝联网等8条输电通道持续向四川供电，每日接受外送电量达到1.3亿 kW·h。加强电网大范围时空互补，充分利用新能源时间差和空间互补性，提高新能源发电最小出力水平。在配电网层面加强局部配电网、微电网自平衡能力，以自下而上的分层分区网格化平衡方式保障系统平衡，在分布式电源高比例接入、负荷尖峰突出的地区，考虑微电网、源网荷储一体化局域电网等内部灵活资源的自平衡能力，将供电网格作为电力电量平衡的单元，并充分利用供电网格单元自平衡以及网格间的平衡互济。

三是加强需求响应和有序用电管理，服务电力安全保供。开发利用需求侧资源，可在用电高峰时段有效削减负荷，缓解电力供应紧张局势，在电力保供中发挥重要作用。在四川、东北电力供应紧张期间，国家电网公司持续强化负荷管理，坚持"需求响应优先、有序用电保底、节约用电助力"，用好各类可调节负荷资源，严格执行政府制定的需求响应与有序用电方案，及时做好沟通协调工作，全力维护供用电秩序稳定。近期国家电网公司加快推进新型负荷管理系统建设，全面提升负荷统一管理、统一调控、统一服务能力，实现有序用电下的负荷控制功能和常态化的需求侧管理功能，保障民生和重点用电需求，保障电力供应安全。

4.2 电网安全稳定运行

（1）面临的挑战。

源网荷储高比例电力电子设备广泛接入，电网规模持续扩大，系统结构愈加复杂，交直流混联大电网与微电网等新型网架结构深度耦合，系统性风险始终存在。

一是新能源机组扰动耐受能力不足，故障情况下容易脱网，可能引发系统连锁故障。新能源机组经由电力电子设备并网，具有低抗扰性和弱支撑性，且涉网性能标准相对偏低，故障后频率、电压波动易导致大量连锁脱网，将严重冲击系统安全稳定运行，存在简单故障演变为大规模电网故障的风险。

二是源网荷储电力电子设备广泛接入，直流输电密集布点，大电网同步安全稳定基础不断削弱。高比例新能源接入造成安全稳定运行问题复杂多变，大电网离线式预判安全稳定控制方式难以适应；安全控制装置规模庞大结构复杂，可靠性要求极高，安全管控难度大；局部地区输电通道密集，单一大容量直流故障、多回直流同时换相失败对电网造成巨大冲击，且大容量直流、直流群故障易在送受端大范围传导，冲击薄弱交流断面，送出或受入直流的规模将受制于新型电力系统的安全稳定性。

三是有源配电网调控运行难度加大。电力系统"三道防线"适应性降低，海量分布式电源接入，调度业务出现向低压下沉趋势，但低压信息采集和数据分析等难以满足配电网运行感知及调度的要求，低频切负荷时可能会切除大量分布式电源，甚至在部分时段、区域，分布式电源大量反送，若安稳自动装置动作切除负荷时，所切负荷线路实际为电源线路，将进一步扩大电网事故范围；易引发用户侧电压越限及电网谐波问题，随着分布式电源接入规模扩大，反送功率超过配电变压器容量的20%时，可能出现用户侧电压越限问题，且随着并网逆变器的不断增多，电网谐波问题也将加重。

（2）应对的举措。

针对新型电力系统电力电子化程度逐步趋高的特点，从夯实高比例新能源系统机理认知、完善系统"三道防线"以及提升直流系统安全运行水平等方面提出安全稳定运行举措，有效管控风险隐患，确保电网运行安全平稳。

一是夯实高比例新能源系统安全稳定支撑基础。建立新能源调节支撑激励机制，提高虚拟同步机、动态无功配置比例，提升新能源在转动惯量、频率、电压支撑方面的履责能力。完善新能源配套储能激励机制，提高新能源配套储能的标准和约束力。强化规划阶段关键密集输电通道的精细化安全稳定校核，为复杂环境和极端天气下的系统稳定运行奠定扎实基础。提升电力电子高占比的电力系统稳定机理认知水平，明确电力电子设备对电网运行特性的影响，掌握新能源极限承载能力及直流极限送出规模提升关键技术，解决高比例电力电子化电网多频带振荡问题。研究多直流系统之间和交直流之间的交互影响，深化高比例新能源系统稳定机理。

二是巩固完善电力系统"三道防线"主动防护能力。第一道防线中，强化先进信息技术在整定计算中的应用，提升信息处理速率，提升保护整定对工况频繁变化的适应性。第二道防线中，构建基于响应的安全稳定控制模式，实现"实时决策、实时控制"，有效应对小概率大影响严重事故。第三道防线中，将低频低压减载装置延伸到10kV以下的用户配电柜，加强营销负控系统和配电调度系统协同，实现精准减载，有效应对配电网有源化带来的挑战。

三是加强直流系统运行风险管控。进一步加强交直流联合控制，根据系统条件合理确定直流送电能力，强化特高压直流和关联交流断面的联合控制，阻断交直流、送受端连锁反应。加强直流系统稳控负荷可切量监视，确保直流系统故障不会对系统安全造成严重影响。加快直流配套常规电源和送受端网架建设，新建直流需配套落实支撑电源和送受端网架，同时要避免直流落点过于密集，降低多回直流间的相互影响。近年来，国家电网公司持续完善直流技术监督和支撑体系，提高支撑服务能力，保障直流输电系统稳定运行。2022 年 5 月，国网江苏公司主持完成"千万千瓦级特高压直流多落点电网安全稳定混合防御关键技术与应用"项目，建立直流密集落点区域电压安全多重防御体系，提出以换流站为中心的"站域－近区－全局"电压安全防御框架，以及无功资源"逐层递推－协同利用"的技术，有效抑制电压扰动的传播及扩散，提升了连锁故障的防御能力。

4.3　电网应急能力提升

近年来，中国遭受的自然灾害等突发性强、破坏性大，监测预警难度不断提高，部分重要能源基础设施灾受损风险升高。新型电力系统的逐步构建对其构成和运行方式产生较大影响，对气象等环境变化更为敏感，"黑天鹅""灰犀牛"事件时有发生，在保供压力明显增大的情形下，电网安全风险隐患增多，对自然灾害、事故灾难等突发事件的综合应急能力提出更高要求。

（1）电网应急体系建设概况。

中国应急管理在理念、体系、队伍、机制、信息化等方面持续推进相关工作，防范化解重大安全风险能力明显提升。电网加快推进应急体系和能力现代化建设，有效提升应对各类灾害的能力。国家电网公司持续完善应急管理体制机制，组建总部、省、市、县四级应急指挥管理机构，建立涵盖自然灾害、事故灾难、公共卫生和社会安全四大类应急预案体系，构建了完备的自然灾害监测预警体系，制定预案及处置方案近 30 万项，坚持"平战结合、快速反应、战斗力强"，组建省、市、县三级 20 余万人的电力应急抢修队伍。南方电网公司坚持预防为主，预防与应急相结合，持续提升突发事件防范应对水平，建立了"应急三体系一机制"（应急组织体系、应急预案体系、应急保障体系、应急运转机制），防范应对突发事件水平持续得到提升。

电网安全风险呈现"老中有新、新老交织"特征，对电网应急体系带来严峻考验，2021年以来电网企业应对自然灾害和生产事故灾害能力不断提高，但也出现一些应急体系和能力建设不够系统规范的问题。

多主体应急协同能力有待提升，自然灾害、重大突发事件影响范围大，应急处置紧急复杂，参与各方高效协同能力对于缩小灾害影响、保护人民生命财产至关重要。电网与通信、气象、交通、水利等重点基础行业的突发事件协调联动机制不够完善，需要提升跨行业应急协同能力。部分地区应急处置信息共享不足，各方信息获取渠道多样，难以实现数据互联和相互验证，道路交通情况、通信情况等信息只能被动接受。

极端情景应对能力有待提高，极端天气和自然灾害发生频次越来越高，已经成为影响电网安全稳定运行的重要因素，部分城市基础设施先行标准规定的运行环境、工况条件不足以有效应对极端情况。在河南特大暴雨灾害中，由于城市建设发展导致地形地势发生变化，原设计达到防洪标准的变电站"无形中"降低了标高，部分变电站因此被迫停运。部分北方城市应对极端暴雨的应急预案有待完善，严重内涝问题严峻性、复杂性考虑有待加强。

应急资源投入有待加强，复杂突发事件对应急预警响应处置的及时性、有效性要求更高，需提升应急资源配置和处置能力。如2021年以来，河南特大暴雨灾害、东北电力保供紧张等均对电网应急处置能力提出挑战。其中，河南特大暴雨灾害造成重大人员伤亡和财产损失，国务院设立灾害调查组，发布了调查报告，指出河南特大暴雨灾害暴露出相关政府及有关区县（市）、部门和单位风险意识不强，对这场特大灾害认识准备不足、防范组织不力、应急处置不当等问题。用户侧自有电力设备监督管理较为薄弱，部分重要用户未按要求配置或定期维保自备应急电源等问题。如河南特大暴雨灾害中，郑州52个重要用户未配置应急电源，对整体防汛应急产生很大影响。

（2）电网应急能力提升举措。

针对突发事件呈现频发化、全域化、非常规、耦合化等趋势，需坚持底线思维，持续健全应急管理体系，提高处置急难险重任务能力，推动应急管理体系和能力现代化。从近几年突发事件应对看，主要从加强多主体应急协同、健全应急预案管理、提升应急监测预警指挥能力、加强供电设施抗灾能力以及强化重要用户应急电源配置等方面提出应对举措，推动电网应急能力现代化建设。

一是加强政府、企业、社会等的电网应急处置协同，提升多主体应急协作能力。电网相关突发事件的社会影响程度增加，要求应急体系实现从保障电网安全向保障经济民生的定位转变，主动嵌入国家和能源电力行业整体应急框架，强化政府—行业—社会共同参与电网应急处置。2022年9月，国网四川公司推动多主体联合作战，深化政企应急协同模式，有效应对"9·5"泸定地震。为提升应急救灾响应能力，四川省政府将涉及应急救援的重点行业纳入能源保供应急体系，并定期开展联合演练。国网四川公司与四川省应急管理厅、四川省消防救援总队签订战略合作协议，共享灾害预警、物资储备、救援力量等应急救灾资源和信息，目前初步形成以政府为主导，发电企业、电网企业、市场主体三方参与的"共保电网安全协调联动机制"。

二是充分考虑巨灾等极端突发事件和预案实用性，健全应急预案管理。针对极端突发事件，需要强化底线思维的落实，结合自然地理条件、电网结构和用户特点，通过极端情景专项应急预案以及强化培训演练，增强应急预案兜底能力的同时，进一步提升应急人员极端情境下的应急意识和应急能力。2021年12月，国家能源局发布《电力安全生产"十四五"行动计划》，指出开展电力重特大事故和自然灾害事件情景构建，提升应急演练水平，针对可能发生的极为罕见、特别重大的自然灾害等突发事件，编制巨灾应对专项预案，明确各方任务分工、应急响应流程等。

三是深化应急基础创新和技术应用，提升应急监测预警指挥能力。构建强有力的应急指挥架构，有效整合多方资源，提升应急高效协作水平。强化应急监测预警能力，有助于灾害链综合监测和风险早期识别预警，实现早响应、早主导，最小化影响破坏。国家电网公司加强新一代应急指挥信息系统建设，统筹各专业资源，加强应急信息化建设和数据整合，推动电网运行、设备状态、用电客户等信息的互联互通和资源共享，提升突发事件应对辅助决策能力，实现资源调配全感知、灾损恢复全实时、现场视频全接入、地图展示全方位，保障电网应急抢险保供电工作高效开展。2021 年 11 月，国网辽宁公司积极应对雨雪冰冻恶劣天气，充分利用"覆冰、舞动系统＋监控室＋可视化装置＋观冰站"观冰体系，发挥以省检智能管控中心为核心的"1＋15"输电智能联防模式，利用 9 大类在线装置监控设备，提高舞动观测和故障判断效率。2022 年 3 月，南方电网推出基于人工智能的虚拟数字安监工程师——气象灾害预警数字安监工程师，实现对县级区域气象灾害的全天候监测预警、预警信息智能通知到位、履职情况自动收集确认，有效提升应急信息传递效率、降低人工成本、强化应急管理的穿透性。

四是加强电网差异化防灾减灾能力建设，提升源头治理能力。 按照区域灾害严重程度分级分区优化电网建设标准，落实坚强局部电网建设，力保城市核心区域、关键用户不停电、少停电。2022 年 5 月，国网福建公司将城市内涝分布图、山区洪涝分布图与电网灾害监测预警与应急指挥管理系统相耦合，精准定位受洪涝灾害影响的配电线路范围，同时结合线路历史洪涝情况和线路设计情况发布综合预警信息，采用无拉线水泥杆降低倒杆风险、用窄基塔代替水泥杆、优化配电站房设备选型等差异化配置，从源头上提升设备的防灾减灾水平。深圳供电局持续建设坚强局部电网，从电网网架建设、电源保障、应急处理等方面积极探索，从"电源 - 电网 - 用户"三方角度打造了"防灾 - 减灾 - 救灾"的综合保障体系，在沿海强风区新建 500kV 线路按 100 年一遇气象重现期确定设计标准，新建 220kV 和 110kV 线路按 50 年确定设计标准。

五是加强用户自备应急电源建设，提升重点用户自保自救能力。 国家已出台相应技术标准和高层民用建筑消防安全管理规定，规范引导重要电力用户科学合理地配置自备应急电源，但受划分标准、管理机制等因素制约，重要用户自备电源配置比例不高，紧急情况下的应急供电能力亟待提升。2022 年 4 月，国家发展改革委发布《电力可靠性管理办法（暂行）》，强调电力用户应配置必要的供电电源和自备应急电源，加强自身系统和设备管理，保障供电可靠性的同时防止对公共电网运行造成安全影响。国家能源局发布《电力安全生产"十四五"行动计划》指出，推动《重要电力用户供电电源及自备应急电源配置技术规范》升级为国家强制性标准。2021 年以来，北京、河南政府部门发布相关通知，均指出加强重要电力用户供电电源及自备应急电源配置，建成构建"坚强统一电网作为支撑、自备应急电源作为兜底、应急移动电源作为补充"的重要电力用户供用电保障体系。

5

电网经济发展

5.1　经济高效推动电网升级

传统的电网基建思路在新形势下投资较大，电网转型需要通过能量补偿、调控升级、市场调节等多种手段进行。可再生能源占比不断提升，分布式能源规模不断扩大，发电侧的间歇性和不确定性给保障电力供应、维持电网平衡、保证系统安全带来更大挑战。传统基建思路通过预测最大传输容量，决定电网增容扩建规模的思路，不再适应新形势下高波动、高峰谷差的电力传输需求，电网的客观投资能力不能匹配投资规模，且投资效率很低。需要增强有功、无功补偿能力，提升电网调控水平，并通过市场调节机制促进资源优化配置，多角度入手促进电网转型。图5-1所示为电网经济高效升级成本对比。

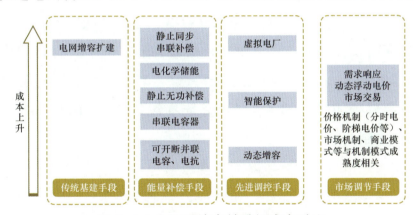

图5-1　电网经济高效升级成本对比

5.1.1　能量补偿手段

通过增加有功、无功电能补偿设备，动态调整电网潮流，从而减轻电网传输压力。典型手段包抽水蓄能、电化学储能等电能储存装置，在电能过剩时储存，在电能短缺时释放；以及并联、串联无功设备，用于优化电网潮流。

（1）储能技术。

通过与电网进行灵活的电力交互（吸收或释放电能），优化输电线路输送的潮流。从能量存储介质的角度可以分为物理储能、电化学储能、电磁储能、化学燃料储能等方式。从当前中国发展条件看，**抽水蓄能作为系统级调节手段，在相当长时期内，是储能的优先发展方向**，拥有技术成熟、经济性好［当前度电成本约为 0.3 元/（kW·h）］、安全性高、调控运行便捷等优点，能够发挥调峰、备用、顶峰运行等综合作用。**以磷酸铁锂电池为代表的电化学储能，也有望在电力系统中得到广泛应用**，在电动汽车的快速发展下成本持续下降，度电成本已降至 0.5 元/（kW·h）左右，但由于存在热稳定性差安全风险、投资回收渠道尚不完善等限制，目前应用规模有限。

（2）无功补偿装置。

无功补偿装置可以通过调节节点电压，提高系统稳定性，抑制电压波动。其中，并联电容器和电抗器已有数十年的应用历史，且为使新能源符合并网标准，配套部署规模也会持续增大。并联电容器、电抗器成本较低［70～220 元/（kV·A）］，应用较为广泛。静止无功补偿器和静止同步补偿器响应更快、占地更小，但成本更高［360～720 元/（kV·A）］，近年来随着应用规模的扩大，成本有下降趋势，但仍有待进一步下降才能具备大规模应用的条件。

（3）潮流控制技术。

潮流控制主要指主动控制线路输送功率避免越限的各类技术。其中，串联电容器主要应用于高压输电系统，可提高功率传输极限，灵活调节系统潮流，增加系统阻尼作用，是保证超高压电网安全稳定运行的重要措施，且成本相对较低［140～540 元/（kV·A）］。**统一潮流控制器、静止同步串联补偿器等柔性直流输电技术仍有待成熟，成本也较高［1100～2200 元/（kV·A）］，预计10～15 年后成本才能降低至可推广水平**。但在新能源大规模发展的趋势下，其避免电网阻塞的功能将愈发重要。

统一潮流控制技术已在部分地区示范应用，目前技术成本虽较高，但对于提升功率输送能力作用明显，能在一定程度上兼顾电网运行与投资效益。国网湖州公司应用分布式潮流控制技术（DPFC）提高电网潮流弹性，经与不同方案比较表明，分布式潮流控制器具有相对较好的经济性，在只新建线路的方案下投资成本为 6554 万元，在加装统一潮流控制器的方案下总投资成本为 12 800 万元，在加装静止同步串联补偿器的方案下总投资成本为 6800 万元，而在加装分布式潮流控制器的方案下投资成本则降为 4280 万元。

5.1.2　先进调控手段

(1) 动态增容。

通过实时采集线路输电线路的导线温度、弧垂，环境风速、风向等数据，动态评估线路的实际可用容量，允许线路载荷在实际可用容量以内，超出保守估计下的静态容量限制，从而动态增加线路输送容量。**理论研究和试点应用都表明动态增容技术具备提升电网运行效率的能力，拥有良好的应用前景。**考虑负荷需求增长情况，同时结合动态增容和线路新建手段，合理选择电网升级方案。

经济性成本方面，动态增容技术成本仅为电网增容扩建的 5%，典型工程的整体成本主要包含每 5.4km 的线路加装 1 套传感设备，每套约 22 万元，以及每年 18 万元的系统运行维护成本。

(2) 智能保护。

利用智能化手段，预判电网运行情况并自动启动一系列保护动作，避免功率及电压越限的技术。随着数字化技术和人工智能技术在控制系统中的应用，智能化的保护动作决策技术可以逐步应用在主网及实现网格化管理的配网中。随着通信及信息处理技术的进一步成熟，未来智能决策系统的成本将持续下降。

(3) 虚拟电厂。

聚合局部电网的分布式电源、灵活性负荷等形成虚拟电厂，参与电网调节，提升局部电网的灵活性。虚拟电厂方面，虽然分布式能源正在大规模发展，商业楼宇空调、电动汽车等柔性负荷不断增多，但当前总体量测水平不高，需要虚拟电厂提供数据收集，预测负荷、电源出力，以及与配网交互的平台。根据国家电网公司测算，通过火电厂实现电力系统削峰填谷，满足经营区域5%的峰值负荷需要投资4000亿元，而通过虚拟电厂，在建设、运营、激励等环节投资仅需500亿～600亿元，既能满足环保要求，又能够降低投入成本。但受限于缺乏分布式资源的参与机制，以及虚拟电厂的投资回收前景，当前虚拟电厂参与规模不大，随着电网对灵活性的需求不断提升，虚拟电厂在未来还将继续发展，分布式新能源的可观可测、可调可控需要在电网安全与平衡的要求下，随着并网管理制度的完善而逐渐普及。

5.1.3 市场调节手段

动态浮动电价。如阶梯电价、尖峰电价或分时电价。**通过价格信号传导源、荷两侧曲线耦合下的电网平衡需求，引导电力资源在时间上的优化配置**。目前，国内大部分省（区、市）实施了分时电价机制，各地分时电价机制在具体执行上有所不同。例如，各地普遍按日划分峰、平、谷时段，执行峰谷分时电价，部分省（区、市）在此基础上增加了尖峰时段；四川等地按月划分丰水期、枯水期，对电力供应紧张的枯水期进一步执行丰枯电价；上海等地按季划分夏季、非夏季，对盛夏用电高峰期执行更高的季节性电价。为解决分时电价缺乏动态调整机制、与电力市场建设发展衔接不够等问题，2021年7月国家发展改革委发布《进一步完善分时电价机制的通知》，要求科学划分峰谷时段，各地要统筹考虑当地电力系统峰谷差率、新能源装机占比、系统调节能力等因素，合理确定峰谷电价价差，上年或当年预计最大系统峰谷差率超过40%的地方，峰谷电价价差原则上不低于4∶1，其他地方原则上不低于3∶1。

两部制电价制。两部制电价是在与用电量对应的电量电价之外，结合与容量对应的基本电价，共同决定最终电价的制度。由于电网网架的容量是由最大尖峰功率决定的，随着电网供需两侧波动性与峰谷差不断增加，用电量愈发不能反映真实的电网输送成本，两部制电价制是一种能够比较真实地反映成本构成的相对合理的电价制度。

需求响应机制。通过负荷聚合商、虚拟电厂等形式调用中小型电力用户（如电动汽车）、公共建筑用电等柔性负荷需求侧资源，并建立市场化机制鼓励用户参与，是电力系统挖掘灵活调节能力的有益实践。但当前需求响应的实施仍有较强的计划性、季节性，还未成为常态化、市场化手段，同时也面临一些掣肘因素：一是调用不可靠，受不同类型用户响应能力、用电行为差异的影响，调用可靠性与灵活电源相比仍有差距，只能通过提高备案容量作为储备的方式解决（当前重庆的备案响应容量按响应需求的 130%考虑）；二是激励资金来源的稳定性不足，当前需求响应补偿激励资金主要来自购售电价差资金池、纳入输配电成本核定等方式，难以精确匹配响应需求。各省市正探索按"谁受益谁承担"原则，通过电力市场建设将激励资金向终端疏导，如增设尖峰电价、调高市场主体分摊上限等方式，但也在客观上推高了终端用电成本。

5.2　电网转型成本变化

随着碳达峰碳中和的推进，传统电力系统向新型电力系统转型升级，新能源大规模开发，电力供应成本的构成将发生变化，既体现在电力供应波动性增强、峰谷差拉大形势下维持系统平衡的额外成本，也体现在减碳提效要求下，其他行业实施电能替代向电力系统转移的降碳成本。图 5-2 所示为电力供应成本提升的构成。

图 5-2　电力供应成本提升的构成

一是保障系统平衡的各类调节电源需求。应对可再生能源发电波动性、随机性问题，如煤电等常规发电机组灵活性改造、新能源发电侧配储能、抽水蓄能电站等调峰电源投资、保留充足的备用电源并给予固定费用补偿，这些必要的支出能够帮助电力系统及时、充分地满足实时平衡要求，避免发生系统性风险。此外，常规电厂参与系统平衡需求增多，使爬坡、循环次数增加，发电效率降低，也会增加系统成本。如陆上风电配置储能后度电成本将增加0.163 3元/（kW·h），以煤电改造使风光渗透率提升2.7%，系统投资运行成本将增加55亿元。表5-1、表5-2分别为主要电源度电成本、各类调节电源的额外成本。

表5-1　　　　　　　主 要 电 源 度 电 成 本

电源类型	光伏	光伏配储能	陆上风电	陆上风电配储能
度电成本 ［元/（kW·h）］	0.312 4	0.596 4	0.305 3	0.468 6

表5-2　　　　　　　各类调节电源的额外成本

种类	煤电改造	气电	抽水蓄能	储能
风光渗透率提升（%）	2.7	6.3	5.6	5.2
系统投资运行成本（亿元）	55	16	63	68

二是电网支撑新型电力系统的转型升级成本。包括增加大电网扩展及补强投资，增加电源接网投资，加大电网智能技术研发与应用投入，引入新型主体参与电网平衡等。电网负荷峰谷差拉大与电源出力波动性增加，共同拉低了电网利用率，使得输配环节投资也将明显增加。除与电量、负荷增长相关投资，以及退役报废资产重置投资外，电源接入及配网升级、输电线路建设、输电网补强等投资将随新能源发展明显增长。

根据当前经验总结测算，由新能源增长引起的大电网扩展及补强成本为218元/kW；接网投资方面，集中式新能源接网成本约为410元/kW，分布式新能源不同接网方案下接网成本在26～38元/kW。综合考虑未来渗透率情况，单位装机容量导致的电网投资变化会上升。预计到2025年、2030年、2060年，电网的度电成本分别增长至 0.190、0.194、0.223 元/（kW•h）；考虑电源、网损及新型主体的灵活调节调用等其他环节，电力供应的总度电成本分别增长至 0.615、0.644、0.740 元/（kW•h）。图 5-3 所示为电网度电成本和电力供应总度电成本变化趋势。

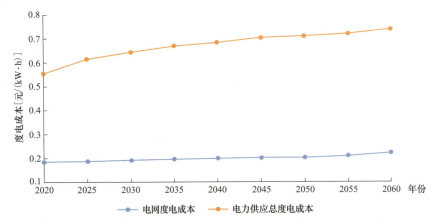

图 5-3　电网度电成本和电力供应总度电成本变化趋势

5.3　电网投资效率效益分析

2021 年，电网投资及售电量增长情况呈现反弹态势。从投资上看， 2021 年全国电网完成投资 4916 亿元[3]，比上年增长 0.4%，是近三年来首次增长。其中，直流工程投资 380 亿元，占电网总投资的 7.7%，新投产直流输电线路 2840km，新投产换流容量 3200 万 kW；交流工程投资 4383 亿元，占电网总投资的 89.2%，新增 110kV 及以上输电线路长度 51 984km，新增交流 110kV 及以上变电设备容量 33 686 万 kV•A。**从售电量上看，** 近年来全国售电量实现了稳步增长，但近两年增售电量持续下降，2021 年售电量 61 581 亿 kW•h，比上年增长 4%，增售电量 2470 亿 kW•h，超过过去两年增售电量的总和，实现了大幅提升。同时也使单位投资增售电量实现近三年来的首次增长。

图 5-4～图 5-6 所示分别为电网投资变化、分电压等级电网投资及增速、

增售电量及单位投资增售电量变化。

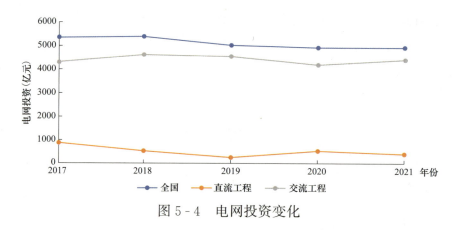

图 5-4 电网投资变化

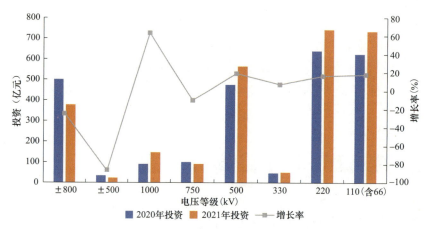

图 5-5 分电压等级电网投资及增速

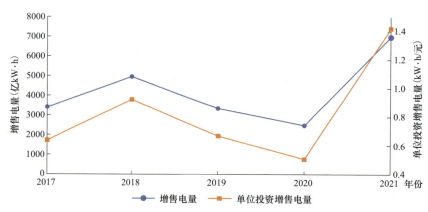

图 5-6 增售电量及单位投资增售电量变化

6

电网共享发展

构建新型电力系统可以有效发挥投资在经济增长中的关键作用，尤其是在新冠肺炎疫情大背景下，可以有效支撑经济社会发展，发挥稳经济、保就业的作用，带动产业链上下游协同发展，推动区域协调发展。在促进产业转型发展方面，建设新型电力系统有助于推动产业基础高级化、产业链现代化，增强产业链供应链安全稳定性，促进产业链自立自强，推动能源互联网和电动汽车等领域产业融合发展。另外，乡村新型电力系统构建将促进乡村电网升级改造，服务农业农村现代化，并进一步推动农村产业转型，发挥民生普惠的作用。

6.1 对经济发展的作用

着眼于服务国家重大战略实施和经济社会发展用电需要，电网企业做好服务经济发展的电力"先行官"，基于电网作为国家重大基础设施的优势，通过积极稳健投资，有效带动产业链上下游企业共享发展，促进能源发展低碳转型，支撑国家战略有效实施，将为国民经济高质量发展注入更多"新动能"。

电网发展有力支撑经济社会发展。国家电网公司为促进能源高质量发展、构建新发展格局、筑牢安全底线提供强引擎和新动能，推动现代化经济体系建设，为制造强国、交通强国等强国建设提供发展动力和平台载体，成为建设社会主义现代化国家的"四梁八柱"。2021年满足全国最高用电负荷11.92亿 kW、全社会用电量 8.31 万亿 kW·h 的供电需求，有力支撑了经济社会发展。

电力基建投资稳经济、保就业的经济社会效益显著。2021 国家电网公司电网基建投资共完成 4024.8 亿元，约占全社会固定投资的 1%，对稳经济作用显著。2022 年国家电网公司投资 5000 亿元以上，带动社会投资超过 1 万亿元，同时推动传统电网升级改造，加快数字技术和传统电网技术的融合发展。南方电网公司建成投产的广东梅州、阳江两座百万千瓦级抽水蓄能电站，总投资约 150 亿元，带动就业岗位近 7.4 万个。2022 年以来，全国 10 个国家数据中心集群新开工项目 25 个。重点项目密集布局释放积极信号，不仅有利于推动电网高质量发展，也将有力带动居民就业，为经济运行增添新的动力。

电网产业链长、投资杠杆作用明显，对助力经济复苏具有重大意义。电网投资作为稳增长的重要方式，是逆周期调节的重要环节，既能拉动上下游产业链企业，满足日益增长的电力需求，有效服务"六稳"、增强信心，也有利于促进经济长期健康可持续发展。电网工程技术含量高，涉及材料供应、设备制造、电力设计、物流运输等领域，发展经济带动作用强，产业投资大、链条长、辐射面广，产业附加值高，发展新业态、延伸产业链提供新动能的潜力巨大，可有效带动产业上下游企业协同发展。研究表明，每投资 1 元电力，能带动国民经济各部门产生 3～4 元的总需求[7]，每 1000 亿元电网投资，可带动电机装备制造、通信信息与软件、建筑安装等上下游产业产值超过 2000 亿元，贡献 GDP 约 800 亿元。

电网有效推动区域协调发展。区域协调发展，构建高质量发展的国土空间布局，是中国社会经济高质量发展的重要动力。下好"区域协调发展"这盘棋，离不开电力保障。国家电网公司紧密对接京津冀协同发展、长三角一体化、黄河流域生态保护和高质量发展、成渝地区双城经济圈等国家区域发展战略，当好电力先行官，提供高质量供电保障。近年来，上海青浦、江苏吴江和嘉善三地供电公司加快推进跨省市电网互联互通，连接三地 10kV 配网联络线，创新推出"一网通办"供电服务，使当地群众享受到了电力一体化发展的红利。

6.2　对产业发展的作用

发挥电网产业链"链长"带动作用，推动产业基础高级化、产业链现代化。充分发挥电网企业的产业链带动作用，激发市场主体活力，积极运用"大云物移智"等现代信息技术，加快形成能源互联网产业集群，推动产业向高端化、绿色化、智能化、融合化发展。国家电网公司"数字新基建"建设任务，聚焦电网数字化平台、能源大数据中心、能源互联网 5G 应用等"新基建"领域，以信息基础设施、融合基础设施、创新基础设施为要点，带动上下游产业共同发展。国家电网公司联合各方力量，集众智、汇众力、谋共赢，更大力度、更高水平地推进"数字新基建"，对于推动数字技术与传统电网产业深度融合发展，加速产业数字化和数字产业化，以电网数字化转型助推产业升级，具有十分重要的意义。

增强产业链供应链安全稳定性，促进产业链自立自强。国家电网公司致力于提升电网自主可控和关键领域核心技术掌握能力，以新型电力系统需求为导向，组织产学研和上下游企业、高校、研究机构开展新能源发电主动支撑、源网荷储智协同控制、多能转换与综合利用等关键技术研究。国家电网公司组建的新型电力系统技术创新联盟聚焦推动创新链产业链融合发展。加强产业链上下游技术交流合作，加快新兴产业布局和培育。贯通技术研发、标准互认、成果转化、装备制造的创新链条，强化产学研用深度融合。

在能源互联网和电动汽车等领域抓住机遇，服务产业融合发展。南方电网公司在海南联合上下游企业共同打造岛屿充换电服务"一张网"，搭建了全岛统一的车网、桩网、路网、电网"四网协同"平台，建成了集"风光储充换"一体的龙华示范站；在深圳与合作伙伴共同打造特大城市充换电服务"一张网"，推动综合能源补给站示范建设，构建"车-桩-平台"高度融合的产业集群、行业生态圈。南方电网公司充分发挥平台作用，持续向能源生态系统服务商转型，推动政府机构、电动汽车企业和用户、产业链供应链上下游企业广泛深入地连接起来，为中国新能源汽车产业高质量发展提供有力支撑。

6.3 对民生普惠的作用

在新型电力系统构建过程中，通过打造乡村振兴坚强电网，推进农业农村现代化、促进农村产业转型，发挥了民生普惠的作用。

加强乡村电网升级改造，服务农业农村现代化。围绕推动城乡供电服务均等化，大力实施农网巩固提升工程、乡村电气化工程，强化乡村电力基础设施和公共服务布局，助力建设宜居宜业和美乡村。国家电网公司立足于服务高标准农田建设，多方位提升农田机械电气化水平。持续加大配电网投资，基本消除用户长期低电压问题，重载、过载、短时低电压、三相不平衡配变较2015年分别下降84%、90%、55%和81%。通过乡村电网建设改造实现了209万眼农田机井通电，惠及1.7亿亩农田，每年可减少燃油消耗341万t，降低农业成本支出144亿元。开通农田灌溉办电绿色通道，2022年春耕春灌期出动服务人员28万人•次，快速办理8.9万户春耕春灌用电业务，确保经营区域内130万个灌溉台区电力安全可靠供应。

推动乡村产业电气化，促进乡村产业转型发展。国家电网公司通过生产设备电气化和生产过程自动化，推广电气化育苗、种植、养殖等实用模式，推广电烘干、电炒茶、电烤烟等先进技术，推动乡村产业向规模化、自动化、智能化方向发展。"十三五"期间，国家电网公司因地制宜推广电气化温室大棚13万个、农产品电烘干设备12万台（套）、电烤烟房8548座，以实际行动促进乡村产业升级。加快冷链物流、电除菌、电脱水、电孵化等技术应用，助力乡村产业发展。

国际篇

🎤 篇章要点

在应对气候变化背景下，世界各国结合本国能源体系特点，锚定碳中和能源转型目标，制定了各具侧重点的发展战略，并且更加重视发挥电网的枢纽作用和平台作用。电网的完善和加强，既可以适应风能、太阳能等间歇式电源发电的特性，又可以为分布式能源、智能电网的发展创造条件。因此，电网升级发展是各国在推进能源转型过程中的重要抓手。德国、日本、美国在供需结构、转型战略方面具有较强代表性。德国新能源占比处于世界前列，并且法治体系相对完善，成为引导和驱动能源转型的重要手段；日本资源禀赋不足，能源进口依赖性强，并且能源的电力化利用程度高，重视电网资源的充分利用；美国天然气和煤炭等化石资源对外依存度较低，转型战略是以化石能源安全托底、大力发展清洁能源的稳妥路线，电网升级改造以提升存量性能为主。本篇以德国、日本、美国为典型案例，深入分析国外典型电网在政策、机制、技术等方面的做法，并总结经验启示。

德国持续健全能源电力法律体系、优化电网规划布局和维持系统调节能力，提升了电网接纳高比例可再生能源的适应性。一是以立法促进可再生能源健康可持续发展，形成完备的法律体系和清晰的监管结构，通过一揽子能源转型法案为能源建设目标、规划运行、成本疏导提供了立法保障；二是加强电网建设支撑清洁能源发电消纳，通过电网互联互通和跨领域能源协同，提升可再生能源配置能力；三是加强源网荷储互动提升系统调节能力，为保障新能源消纳留有充足可控的电力装机容量，并强化与邻国的跨国输电扩大电力平衡区域，充分调动负荷侧资源提升电网对可再生能源的适应性。

日本优化面向碳中和的电网发展布局，强化电网互联、数据感知和源荷调节资源利用，充分释放电网空闲容量，提升电网发展质效和安全韧性。一是构建以可再生能源为主力的电网系统，包括跨区电网总体规划（"广域发展计划"）、统筹聚合源荷侧资源等。二是以电网"非固定式接入"提升新能源接纳能力，针对区域电网，引入"非固定式接入"运行规则，充分释放电网空闲容量，最大限度提升新能源接纳能力。三是推动下一代智能电网及高级量测体系建设，促进电网高质量发展，具体包括强化电网防灾抗灾韧性、优化电网运行方式、提升电网末端接入分布式电源接入能力、促进绿色生产消费及大数据价值挖掘的推动作用等。

美国为推进电网可靠性、弹性、安全性、经济可负担性、灵活性、环境可持续性的现代化转型，提出未来发展的重点方向和建设任务。一是加强跨州输电设施选址用地支持，促进可再生能源发电接入电网；二是提出以三大技术为核心的下一代电网技术，包括线路动态增容、拓扑结构优化以及先进电力电子技术应用等；三是形成统一电力系统网络安全管理机构；四是增强分布式发电、储能等发展的政策支持，建立电网容量补偿机制。

7

德国——电网接纳高比例可再生能源发展

7.1 建立完备法律体系保障新能源健康可持续发展

德国电网通过 32 回线路与周边法国、荷兰、丹麦等 9 国电网互联。国内已经形成了以 380kV 和 220kV 为主网架的交流电网，且西部电网较东部密集，并围绕多个重要负荷中心形成 380kV 环网[8]。

德国已形成完备的能源电力法律体系和清晰的行业监管结构。德国已经形成了以《能源经济法》为基本法，由煤炭法、石油法等专门法为中心内容的能源法体系以及包括电力和燃气供应法（能源经济法）、电力税法等法案组成的电力投资法律体系，规章制度清晰。联邦电力、燃气和电信通讯网络局（FNA）是最高的调节机关，确保欧盟法律的顺利执行。其任务之一在于维护遵守能源经济法律，联邦网络管理局为了能达到调节的目标，拥有有效的程序和手段，其中也包括信息权力、调查权力和惩罚措施，以确保电力安全、低成本、高效、便民和可持续发展，保证电力长期高效稳定供给。

《可再生能源法》等法案为能源转型的建设目标、规划建设、成本疏导提供了立法保障。2022 年 7 月，德国联邦议会通过了几十年来最大规模的一揽子能源转型法案（Energy Transition Law Package）修订，包括《可再生能源法》《陆上风电法》《替代电厂法》《联邦自然保护法》等，旨在帮助德国实现到 2045 年碳中和的气候承诺，并摆脱对俄罗斯化石燃料的依赖，确立到 2030 年实现可再生能源发电比例达到 80％的目标，2040 年陆上风能、太阳能和生物质能的累计发电量将达到 568.4GW。《可再生能源法》规定了在电价中征收可再生能源附加费用于疏导可再生能源发展成本，在电价构成中占比高达 21.6％，并最初以固定电价激励可再生能源发展，并逐渐以市场化价格形成机制替代固定电价机制。《可再生能源法》促进可再生能源发电厂选址范围的扩大，鼓励在德国高速公路和铁路沿线地区，建设开放空间光伏发电厂，并促进可再生能源在德国南部扩张，为德国南部地区陆上风电和生物质扩张提供了具体配额。"公民能源合作社"作为一种光伏电站融资新模式，被允许在不参与投标的情况下建设 6MW 以下的光伏电站，在补贴租户的光伏电站方面取消了电厂规模为 100kW 的限制。《替代电厂法》允许储备约 8GW 的燃煤电厂，同时也允许在 2024 年 3 月 31 日之前重新启用燃煤电厂，以预防俄罗斯天然气供应中断导致德国供暖和工业用气出现能源短缺问题。

7.2　优化电网规划布局促进能源转型

加强电网互联互通，提升可再生能源配置能力。目前德国将近一半的电力来自风能、太阳能、生物质能和水力发电，可再生能源的发展及其出力的随机性、间歇性、不确定性的特征，给电力供给和需求带来巨大偏差，德国电力系统运行难度加大，包括电网的扩建和系统的安全稳定运行、跨区域电力资源配置以及终端各领域（工业、建筑、交通）电气化转型带来的电力增长挑战等。2022 年德国输电网运营商 TransnetBW 发布的《电网 2050》中指出，由于北海海上风电设施的扩建，德国北部和西北部电网将出现较为严重的网络阻塞，所生产的电力需输送到德国西部和南部人口稠密及高度工业化的负荷中心，这些地区的热力和交通运输部门因高度电气化，其电力需求增长较快，南北干线上的输电需求也相应增长。为此，德国需进一步扩建电网，总长度需增加 15 700km，相当于当前输电线路的40％。同时，强调除了加强多能源互补和储能应用提升系统调节能力外，还需应用创新型电网设备优化电网负荷率，如高压直流输电技术和变压器灵活控制功率技术等。图 7-1 所示为德国不同地区 2050 年可再生能源发电及电力需求情况。

加强跨领域能源协同，从供给侧和需求侧提升电网灵活性。《电网 2050》指出，利用跨领域协同能源流全景模拟，分析各行业部门能源需求情况。在能源供给侧，利用自身完善的天然气管道优势，发展高效燃气轮机和热电联供装备，替代煤炭发电，保障电力和热能供给。在能源需求侧，通过高效热泵、电氢转换、热电联供、电动汽车等实现跨领域的多能源协同互补，提高可再生能源效率。图 7-2 所示为德国 2050 年跨领域协同能源流全景模拟。

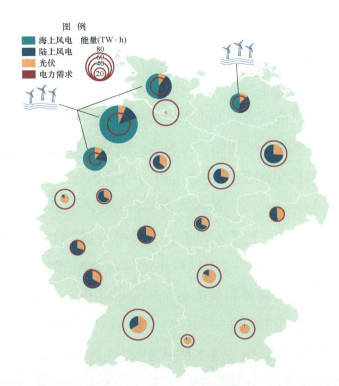

图 7-1　德国不同地区 2050 年可再生能源发电及电力需求情况

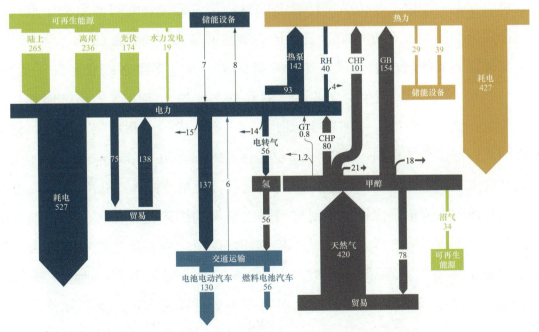

图 7-2　德国 2050 年跨领域协同能源流全景模拟（单位：TW·h）

RH—电阻加热器；CHP—热电联供装备；GB—燃气锅炉；GT—燃气轮机

7.3 加强源网荷储智互动提升系统调节能力

为保障新能源消纳留有充足可控电力装机容量。2022 年一季度德国水电、生物质发电、核电、煤电、燃油燃气发电等可控电力装机发电 389TW•h，占总发电量的 66.8%。德国早期能源供给结构与中国类似，以煤电、核电、燃油、燃气发电等火电为主。2006 年，德国火电装机容量占总装机容量的 75%，可再生能源装机容量较小，风、光装机容量占总装机容量的 18%。截至 2021 年[9]，德国电力总装机容量 223GW，其中，可再生能源装机容量 136GW，占全部电力装机容量的 61%；化石能源和核电装机容量 87GW，占全部电力装机容量的 39%。德国近年来最大负荷一般在 80GW 左右，为保障供电可靠性，德国近年来可控电力装机容量除核电外，基本维持在 100GW 左右，可以充分满足国内最大负荷需求。从中长期电力容量供应来看，虽然新能源装机容量已占德国电力装机容量的一半以上，依然维持较多的可控装机容量，并可满足德国最大电力负荷需求。图 7-3 所示为德国各类电源装机容量及发电量变化。

与邻国之间的跨国输电线路扩大平衡区域，有力支撑系统安全经济运行。德国与邻国之间电量交换日益成为一种常态化现象，邻国瑞士、奥地利、捷克、荷兰、波兰等分摊了德国新能源发电随机性造成的不利影响。同时，德国还借助北海能源合作组织、欧盟能源专委会等国际多边平台，与周边其他国家共同推进海上风电、大型可再生能源规模化项目及相关接入或联网项目开发。

充分调动负荷侧资源提升电网对可再生能源的适应性。德国的负荷侧灵活性资源来自工业、第三产业和居民，其中可以规模化参与灵活性服务的主要集中在用能密集型工业领域（金属加工、化学工业、炼钢工业、造纸工业等），1h 以上需求侧降低负荷响应的技术可行潜力为 600 万 kW，经济可行潜力为 350 万 kW，分别占最高负荷（8000 万 kW）的 7%、4%。在用能密集型工业领域，1h 以上需求侧提升负荷响应的经济可行潜力为 70 万 kW。在居民侧，德

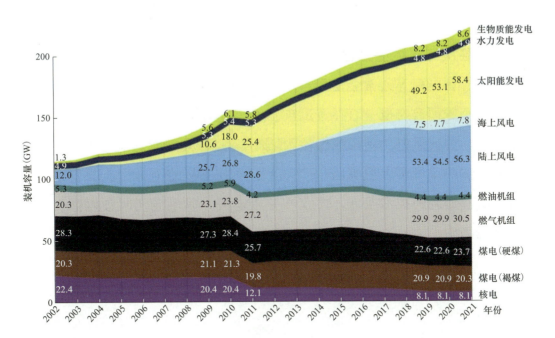

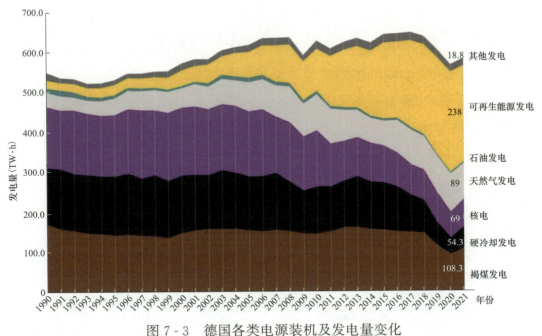

图 7-3　德国各类电源装机及发电量变化

国大力推进户用光储系统普及，可以实现高比例自给自足，平均自给率约为75%，具备 2～3h 短时离网运行能力，可实现与电网友好互动，明显改善并网点电能质量，并通过虚拟电厂平台成为电网灵活资源，显著提升分布式光伏就地平衡消纳能力。

开发多层次可再生能源出力预测系统提供高精度预测。德国的电网运营商、发电商、售电商等通常会使用自己定制的预测系统，也会使用第三方提供的预测系统。德国政府也一直在资助项目开发短预测间隔兼长预测周期的预报系统。目前，德国风电功率预测误差为 2%～4%，太阳能发电功率预测误差为 5%～7%。按照《可再生能源法》，容量大于 100kW 的可再生能源发电设备必须具备遥测和遥调的技术条件，才允许并入电网，风电场实时数据需直接上传至配电网控制中心。

8

日本——面向 2050 碳中和
的电网发展

日本的自然资源极为贫乏，使用的化石燃料几乎全部依靠进口。据日本自然资源和能源署的数据显示，截至 2021 年 3 月，日本的能源自给率仅为 11.2％，能源转型是破解能源安全困境的关键。福岛核泄漏事故后，为了尽可能地降低对传统化石能源的依赖，日本加大了对可再生能源的政策支持。2020 年 12 月，日本政府制定《绿色发展战略：2050 年实现碳中和》，促进经济与环境的良性循环发展。为推动《绿色发展战略》的实施，日本政府将制定预算、税制、规制改革与标准化、国际合作等方面的一揽子计划，推动十四大重点领域向绿色化转型发展❶。同时，日本政府十分强调绿色化与数字化的双轮驱动，即高度重视利用新一代数字化技术和基础设施支撑绿色转型。

2021 年 10 月，日本发布第六次❷《能源基本计划》，依据 2030 年碳减排 46％、2050 年碳中和的目标，制定了控制能源消费总量和温室气体排放总量的"日本版双控目标"，提出 2030 年能源转型的基本原则为"3E＋S"，即在安全（Safety）的前提下，以能源稳定供给（Energy Security）、经济效率（Economic Efficiency）、环境保障（Environment）三项为主要目标进行能源转型。在此目标导向及资源禀赋特征的影响下，日本形成了以能源技术发展为重心、多元化能源供给的能源转型路径，**并首次提出最优先发展可再生能源的能源方针**。该计划预测到 2030 年，日本可再生能源发电所占比例为 36％～38％。2021 年 5 月，日本输配电网协会发布《面向 2050 碳中和下一代电网行动方案》，提出 2050 年可再生能源发电量占比超过 50％，非同步电源发电容量峰值占比超过 90％，并提出电网发展重点。围绕优先发展可再生能源的能源方针，日本近期典型做法包括扩大区域互联范围并统筹聚合源荷侧资源、建立"非固定式接入"方式充分利用电网空闲容量、大力发展推广智能电表提高系统感知水平

---

❶ 《绿色发展战略》共确立了十四大重点领域，分别为：海洋风力发电产业、氨燃料产业、氢产业、核能产业、汽车与蓄电池产业、半导体与信息通信产业、船舶产业、物流与基础设施产业、食品与农林水产业、飞机产业、碳回收产业、新一代太阳能产业、资源循环相关产业、生活方式相关产业。

❷ 自 2003 年开始，日本每三年更新一次《能源基本计划》，作为政府中长期能源政策指导方针。

等，为提升新能源消纳水平提供了良好基础。

8.1　增强区域互联、统筹聚合源荷侧资源

(1) 加强区域互联范围，强化区域间新能源输送能力。

日本核电事故发生后，火电机组增加较多，能源进口依赖更加严重，实现碳减排目标的难度较大，同时尚未完全实现跨区互联互通，10 个区域各有独立的传输系统运营商，需要加强东部和西部电网间互联平衡电力生产和消费。

2011 年地震后，日本建立了电力区域运行推进机构（Organization for Cross-regional Coordination of Transmission Operators，OCCTO），对 10 个区域的输电系统运营商进行统筹协调管理。为了强化跨地区的输电网，促进可再生能源消纳，OCCTO 公布了跨区域互联互通发展计划。该计划主要包括两个项目：总容量（加固后）为 10.3GW 的东北和东京之间的互连线、东京和中部（即 50Hz 和 60Hz 地区）之间的互连线容量到 2027 年达到 3GW。

2022 年 7 月，OCCTO 已开始制定三项计划。主要内容是新建连接北海道和首都圈的海底输电线，把北海道、东北、九州等地由太阳能、风能等可再生能源产生的电力输送至用电需求较多的城市地区，提高可再生能源的有效利用率。在新建连接北海道和首都圈的海底输电线的计划中，也将探索与秋田县近海等地计划建设的大规模海上风电进行联通。

(2) 统筹聚合源荷两侧资源，以充分消纳新能源。

在用户侧加装智能感知控制设备，提升分布式电源并网控制水平。每户家庭可免费安装光伏发电系统、蓄电池、二氧化碳热泵热水器、充电桩等，并按使用量支付费用。政府远程监控和控制设备，与电力公司共享数据并平衡电网的供需。在预测光伏发电的同时，可以对安装在该地区的二氧化碳热泵热水器和蓄电池等能源资源进行集中远程控制，为家庭提供最佳电能消费方案，有助于大规模光伏在用户侧的友好接入。目前，冲绳地区光伏发电系统、二氧化碳

热泵热水器、蓄电池和充电桩已安装在约 700 个地点。政府开发的分布式电源将有助于振兴当地经济，改善居民服务，降低社会成本，进一步推动可再生能源的主力化、分散化接入以及所有数据的监测和控制。图 8-1 所示为日本面向 2050 年碳中和下一代电网线路图。

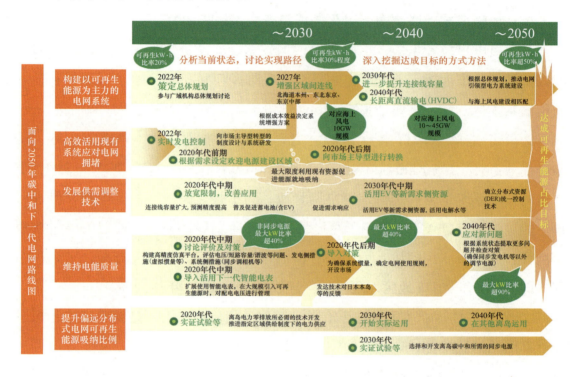

图 8-1　日本面向 2050 年碳中和下一代电网路线图

EV—电动汽车

8.2　建立"非固定式接入"规则促进新能源消纳

　　日本可再生能源发展较快，太阳能和风能并网容量已经超过了许多地区电网的可用传输容量，尤其是东京、关西等地区。为了适应快速增长的可再生能源，优化输电网利用规则是提高输电容量利用率、增加可再生能源消纳空间的一种可行方式。

为充分释放电网空余容量，最大限度提升新能源接纳能力，日本采取"非固定式接入"方式。传统固定接入方式中，分配给每个电源的可用传输容量是固定的，但是由于电能传输过程中是波动变化的，所分配的固定容量并不是时时刻刻都被占用，部分时段会有空余容量。"非固定式接入"则是基于充分利用空余容量所设计的灵活电力传输规则，输配电企业在预测连接到目标电网的电源输出和需求状况的基础上，判断其拥堵状况，从而制定输出控制调度方案，实现输电线路容量的错峰利用，让可再生能源在传输容量尚未达到上限时获得接入电网的机会，这一新规则将有助于解决线路连接成本高、连接慢等问题。该规则的有效性取决于预测算法的精准程度，尤其是要考虑天气信息的准确性和精细性。

目前输电线路使用的固定式接入规则是"先到先得"，即按照互连合同申请的顺序来保证传输容量分配。从确保公平和透明的角度来看，这些规则对所有电源都是通用的，包括太阳能、风电和火电。对于即使有连接申请却没有空闲容量的情况，则需要进行输电线路的扩容改造，但线路扩容改造是长期性工程，短期内无法匹配大规模可再生能源并网的需求。与目前的接入规则相比，"非固定式接入"允许更灵活地使用电网容量。"非固定"电源在输电线路有空闲容量时可以进行电能输出，而在输电线路拥塞时输出则受限制。例如，通过"非固定式接入"的可再生能源，其并网优先权低于合同火力发电厂，为了克服这一问题，日本正在研究设计一项称为"优先顺序"的规则，调整"非固定式接入"的顺序问题，基本原则是清洁为主，即一些低效燃煤电厂输出电力的并网顺序会低于可再生能源。图 8-2 所示为"非固定式接入"方式输电线路利用示意图。

但是"非固定式接入"方式的实施，与现行电力交易制度的兼容性、规则的匹配性、系统的统筹性等方面还存在一些问题。并且，由于该接入方式为日本首创，没有其他国家先例可借鉴，所以预计还需要较长时间的探索完善。自 2019 年 9 月起，在千叶地区提前尝试使用"非固定式接入"方式，在 2020 年 1

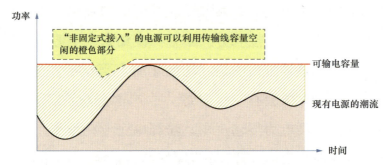

图 8-2 "非固定式接入"方式输电线路利用示意图

月开始在东北、鹿岛地区陆续实施，日本计划 2021 年在全国范围内继续推广使用。随着"非固定式接入"方式的推广，不上网、上网贵、上网慢等阻碍可再生能源发展的并网制约问题逐渐开始得到解决。

8.3　部署高精度智能电表提升电力数据感知水平与应用范围

日本政府高度重视能源领域信息化建设，不断应用数字化技术提升能源互联发展水平，突出表现在智能电表的推广。随着零售市场的自由化，日本正部署大量智能电表，2020 年安装的智能电表总数已达 6100 万只。智能电表以数字方式收集用电量的相关信息，在电力运营商与电力用户之间双向交换信息。

近十年来，随着信息通信技术的快速发展和成本降低，智能电表及高级量测体系得到广泛部署和应用，实现了用户电量等计量数据的高频率、广覆盖、带时标采集、传输和存储，有力支撑了营销系统、电力市场和智能电网建设。智能电表作为电力信息流的主要采集、传输基础设备，将在能源绿色高效发展中发挥更加重要的作用。

日本 2014 年开始安装智能电表，计划 2024 年开始更新下一代智能电表，构建高级量测体系，服务智能电网更高水平发展，重点在强化电网防灾抗灾韧性、提高电网末端分布式电源接入能力、满足电力市场精细化交易需求、促进绿色能源的生产与消费以及电力大数据应用等方面发挥支撑作用。为实现这些目标，智能电表技术功能的先进性主要体现在以下几个方面：

一是搭载停电自动报警、远程负荷电流上限控制功能，以强化电网防灾抗灾韧性。日本列岛地震、台风等自然灾害频发，完善停电感知和负荷电流控制功能、提升电网弹性和服务水平，是下一代智能电表首先考虑的问题。智能电表搭载停电自动报警功能，检测到停电后立即发出报警信号，系统可实时掌握停电区域信息，有助于故障分析和判断，便于迅速开展恢复工作，从而缩短停电时间；智能电表搭载远程负荷电流上限控制功能，改变以往电源受灾、用户轮停的抗灾模式，在可用电源条件下，确保所有用户的最低电力生命线，提升服务质量和水平。

二是提供 5min 有功、无功、电压等数据，从而优化电网运行方式、提高电网末端分布式电源接入能力。利用智能电表提供的 5min 有功和无功电量、电压等电力大数据，优化电网运行方式，扩大电网末端分布式电源接入，确保电能质量。由于配电网末端分布式可再生能源的大量接入，电压越限现象频发，传统电压调整设备只具有局部感知、局部调整功能，并没有发挥应有的作用。通过智能电表、断路器内置传感器等测量数据，全范围、全态势感知配电网运行状态，并据此优化配电网整体运行方式，通过中央控制系统调整变压器分接头和自动电压调整器，确保分布式可再生能源大量接入条件下，整体运行电压不越限。

三是进一步细化智能电表相关数据的颗粒度，以适应电力市场交易精细化需求。为应对可再生能源的大量接入，进一步发掘电力市场潜力和辅助服务市场品种，参考对标欧洲电力市场，存在将交易单位统一调整为 15min 粒度的动向，智能电表相关数据的颗粒度也将同步进行适应性调整。

四是关联非碳价值，促进绿色能源的生产与消费。随着非补贴可再生能源逐年增多，其非碳价值被重新认识，通过智能电表数据关联非碳价值，利用区块链开发 P2P 电力交易平台，实现可再生能源的非碳价值。

　　五是智能电表功能中考虑大数据银行以及看护、配送等增值服务的需求，促进电力大数据的应用。东京电力、中部电力、关西电力、NTT 数据等公司出资组建电网银行数据实验室，探讨利用智能电表数据解决社会问题，开拓新产业。通过利用智能电表数据，电力公司已开展看护、在家配送等增值服务的探索和实证，有望在 5～10 年内提供相关增值服务。在看护服务模式下，通过分析用电数据掌握用电特征，比对实时用电信息，评估异常情况并进行自动告警；在家配送服务模式下，通过实时用电数据，分析判断用户在家信息，提升配送成功率，减少再次送货和经济成本。

　　大量部署智能电表在网络安全和个人数据保护方面带来了安全风险，除了电力控制系统等传统网络攻击目标外，还增加了可能的攻击面。因此，日本为智能电表和电力控制系统制定了安全指南，运营商须遵守这些指南，需对智能电表进行网络安全审查。

9

美国——下一代电网发展

2021 年，拜登政府上台后宣布重返《巴黎协定》，提出到 2050 年实现 100％清洁能源与碳中和的目标。拜登政府注重发展清洁能源，提出"清洁能源革命"的口号，扭转了特朗普"传统能源主导"的政策。美国形成了以化石能源安全供应托底（主要是天然气）、大力发展清洁能源的能源转型路径。拜登通过总统行政命令和联邦行政机构积极贯彻"清洁能源革命"的理念与政策，内政部和美国环境保护署（EPA）负责限制化石能源开发，收紧联邦政府环保监管，制定严格的排放准则等联邦环保法规政策；美国能源部等机构积极推动清洁能源技术的创新和应用。截至 2021 年[10]，美国可再生能源发电量 7992.94 亿 kW·h，占总发电量的 19.5％，天然气发电量 15 793.61 亿 kW·h，占总发电量的 38.5％，煤电发电量 8978.85 亿 kW·h，占总发电量的 21.9％。

美国清洁能源革命的基本要求主要表现为加大清洁能源基础设施建设与改造、清洁能源技术创新等。在能源基础设施改造方面，采取历史上最大规模的联邦投资，用于升级全国电网，改造家庭和商业用能，大力发展公共交通、电动巴士、新能源汽车和充电桩网络；在清洁能源技术方面，重点推动实现清洁能源本土制造。美国能源转型的关键在于提高可再生能源等清洁能源的生产和消费，然而清洁能源的大规模使用又易受高成本制约。因而需要加大能源创新，突破清洁能源成本瓶颈。

美国电网是世界上发展最早、规模最大、构成最复杂的电力系统之一，电网的转型发展是决定清洁能源革命成功与否的关键环节。在清洁能源革命背景下，分布式能源、电动汽车等负荷的接入以及极端天气等发生频次、强度不断增加，使得电网安全、稳定和绿色发展面临严重挑战，美国电网的现代化转型（可靠性、弹性、安全性、经济可负担性、灵活性、环境可持续性）需求十分迫切，美国电网重点举措包括通过立法破解跨州通道选址困局、升级电网运行技术、统一电力关键设施安全标准框架、建立健全新能源并网消纳成本的疏导机制等。

9.1　通过立法解决通道建设难点促进新能源并网

美国风能和太阳能资源往往远离城市，需要通过改善和扩张输电线等基础设施来实现更大规模的消纳，但是输电线路严重不足已经成为美国部署清洁电力的主要障碍。根据爱荷华州立大学的统计，目前美国东西部电网有 7 条线路实现互联，输送能力达到132 万 kW，但相对于美国两大电网的发电装机容量来看（东部电网 70 万 MW，西部电网 25 万 MW），132 万 kW 的输送能力仍有较大的提升空间。

2022 年 6 月 6 日，美国土地管理局批准建设怀俄明州－犹他州输电项目 Gateway South，旨在提高地区电力互联水平、促进当地可再生能源电力消纳。项目起自怀俄明州的 Aeolus 变电站，途径科罗拉多州，终至犹他州的 Clover 变电站，电压等级为交流 500kV，全长约 669.5km，预计 2024 年建成投运，可有效支撑 200 万 kW 可再生能源电力装机并网。

2022 年 6 月 16 日，联邦能源监管委员会发布《拟议规则制定通知》，旨在通过修改法律为可再生能源并入电网消除阻碍。拟更改的内容包括允许公用事业发电企业对多个可再生能源发电设施进行统筹考虑，而不是以往的独立进行，这将有助于可再生能源在相对靠近电网的位置能够更快、更容易地获得建设输电线路的批准，对于将远距离的大型太阳能、风能和水能发电输送至负荷中心具有重要意义。

9.2　通过技术创新实现存量电网挖潜增效

美国能源局发布的《下一代电网技术》报告结合了电网发展趋势的变化和面临的挑战，提出了电网现代化的特征，并以此提出下一代电网的三大核心技术，包括线路动态增容技术、电网灵活性拓扑连接技术和固态电力电子技术，在小幅改变电网物理结构的前提下实现存量电网的挖潜增效。这三类技术的核心就是在小幅改变传统电网物理结构的基础上，通过增加传感控制设备，实现对电网设备、线路数据的实时感知、传输和计算，以轻资产（数据）带动了重资产（电网）的挖潜增效。由此带来的机遇和挑战同在，除了报告中提到的经济性问题、数据可靠性问题、网络安全问题之外，算法、算力的可靠性、先进性和灵活性问题也将直接影响到下一代电网技术应用的成效。

线路动态增容技术打破了传统电网设定固定线路额定值的运行模式。基于线路温度、导体类型、气象因素、环境温度和地面间隙等数据，线路动态增容技术可实现对线路热极限的精准评估，实现对当前电网线路额定值进行实时的预测，在确保电网安全运行的前提下，计算得到随环境动态可变的最大输电能力，有效解决电网阻塞。线路动态增容技术本质上是在更大范围的气象变化中分析电网优化问题，通过数据驱动深入分析电网物理系统和气象环境系统之间的动态交互作用，并挖掘其中的电网优化潜能。从应用情况来看，美国电网大多数采用环境调整增容技术，部分地区已采用线路动态增容技术。

灵活性拓扑连接技术是一种利用电网系统布局的结构化方法❶，提高了电力系统运行控制的安全性能。随着电网感知设备和控制单元数量的增加，拓扑优化的工程量可能按照指数级增长，传统规划技术难以解决巨大的工作量，且决策优化效果不明显，但以强化学习为代表的人工智能技术展现出优异性能。可考虑线路开断、不同拓扑结构等离散变量快速求解最优控制问题，引入智能体决策模型，分别与不同的环境交互，智能体强制寻找可以满足约束条件的动作，避免过多无效随机搜索。电网拓扑结构优化的本质就是在依托电网数字孪生，利用数据驱动分析、机器学习等技术实现拓扑优化，重新认识电网的结构问题，从结构变化中挖掘电网运行潜力，通过最佳的控制方式优化电网结构。电网拓扑结构优化技术是不依赖于硬件投资的软技术应用的典型技术，对存量电网挖潜效能实现降本增效、保障电网运行安全等方面具有良好前景。

---

❶ 美国能源部将拓扑优化定义为：为了使电力系统效能最大，在一个给定的边界内，针对给定的现有和未来的负载及约束条件，优化电网系统布局的结构化方法。

固态变电站技术是基于新型电力电子器件的固态电力电子技术，通过固态电力电子设备实现对系统灵活控制和操作。通过将高功率驱动器、基于逆变器的可再生能源、电动汽车充电器等电力电子设备嵌入电网中，对关键参数进行实时监测，利用数据分析来实现态势感知，并通过主动控制潮流、电压瞬变、谐波含量来提升整个电力系统运行的灵活性和可靠性，克服变电站内的电流限制。电力电子技术在一定程度上需要电网对硬件进行一定的投资，并开发和部署相应的控制系统，实现控制系统之间接口的标准化，从而实现全域的应用。

9.3   统一电力系统网络安全管理标准提升防护水平

电力关键基础设施作为国家现代化建设的核心支撑设施，历来是"网络战"重点攻击目标之一。"乌克兰大停电""委内瑞拉大停电"等诸多电力安全事件表明，电力关键基础设施一旦遭受到网络攻击，极有可能引发重大停电事件，将对整个国家和社会带来严重的损失。网络攻击国家化的趋势明显，已成为政治、经济斗争的一种重要形式。关键基础设施或关键信息基础设施均是各国网络安全保护的重点对象。

提高美国电网的安全性和弹性对于提供清洁可靠的电力至关重要，同时也是推进拜登政府提出的"到 2035 年实现 100％清洁电网，到 2050 年实现净零碳排放"目标的重要基础。美国能源部网络安全、能源安全和应急响应办公室资助 6 个大学团队进行网络安全研发，以推进异常检测、人工智能和机器学习以及基于物理的分析，加强下一代能源系统的安全性。

美国最早将电力关键基础设施网络安全提升至国家战略高度，目前已形成较为完善的电力关键基础设施网络安全防护体系。美国自克林顿政府开始重视电力关键基础设施安全问题。1996 年美国克林顿政府颁发的第 13010 号行政令《关键基础设施防护》将电力作为 8 类关键基础设施之一，要求政府部门与相关企业共同开展安全防护工作，是美国颁布的第一个专门针对关键基础设施安全防护的行政令。之后，美国历届政府发布一系列政策文件，包括《国土安全法》《国家基础设施保护计划》《网络安全国家行动计划》等，均明确将电力关键基础设施作为保护内容。

2018 年 4 月，美国白宫发布《提升关键基础设施网络安全的框架规范》。这是目前美国最新的网络安全指导性文件，由美国国家标准与技术研究院制定，2014 年发布第一版，2018 年发布 1.1 版本，是美国政府加强提升关键基础设施网络安全防护水平的一项重要举措，是一套着眼于安全风险、可用于关键基础设施安全风险管控的标准化实施指南，主要由 3 个部分组成：框架核心、框架实现层级和框架配置文件。

2021 年 4 月 20 日，拜登政府启动关键基础设施保护首个试点项目：电力行业网络安全"百日计划"。该项目由美国能源部、美国国土安全部网络安全与基础设施安全局和美国电力行业的利益相关方联合开展，旨在提升美国电力关键基础设施网络安全关于威胁检测、处置等网络安全防御能力。

9.4　完善新能源并网成本分摊及疏导机制

为促进分布式电源与配电网协调发展，美国部分电力公司近年来以"配电网可接纳容量"❶ 为管理手段，引导分布式电源合理布局。配电网可接纳容量分析的应用领域主要包括 3 个方面：一是分布式电源并网管理，目前应用最为广泛；二是支撑配电网规划；三是优化分布式电源位置，可优化分布式电源效益。

美国加利福尼亚州、纽约州、明尼苏达州等州政府已先后提出强制性政

---

❶　配电网可接纳容量，国内通常称之为"接纳能力"或"准入容量"，国外多用 Hosting Capacity 来表示。美国州际可再生能源理事会（IREC）对此给出的定义是：在现有电网状况和运行条件下，在不对电网安全、电能质量、可靠性等产生负面影响，无须对电网进行重大升级改造的前提下，配电网可接纳分布式电源的上限。

策，要求或引导开展配电网可接纳分布式电源容量分析。2022 年 6 月 23 日，加州公用事业委员会发布新规，正式将"可接纳容量"分析结果纳入分布式电源并网审批流程。根据新规，只要配电台区内分布式电源总装机容量不超过可接纳容量的 90％，并网申请就可以直接获得批准，只有超出这一比例后，才需要对项目进行更详细的并网影响研究。这一新规被美国业界称为数十年来加州分布式电源并网领域的最重大改革。

目前，美国分布式电源接入导致的电网升级改造成本完全由触发升级改造需求的电源业主承担，其公平合理性受到质疑。为此，部分联邦州和电力公司正在改革这一成本分摊机制，使分摊方式更具合理性。

分布式电源接入电网需要解决配电网 4 个方面问题，包括热稳问题、电压问题、保护问题以及增加线路。热稳问题指线路或变压器的运行超过其极限值；电压问题是指受到接入项目的影响，电压存在越限的情况；保护问题指继电保护装置需要升级或者新增才能适应接入后的电网。根据美国可再生能源实验室统计，缓解热稳问题的成本最高，每个平均成本为 836 万元，增加线路的平均成本约为 453 万元。解决配电网热稳、电压和保护这三大问题的成本共同构成分布式电源接入所引发的电网升级改造成本。图 9-1 所示为分布式电源并网 4 类成本的平均值统计。

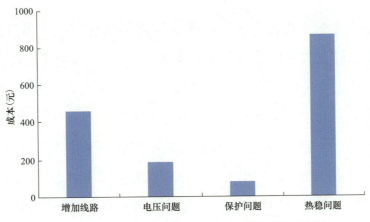

图 9-1　分布式电源并网 4 类成本的平均值统计

美国许多州都在考虑引入创新举措，改革现行分布式电源并网成本分摊机制。由于传统方法下没有体现"谁受益，谁付费"的原则，必须寻求新的方法提高并网效率，同时公平地分配并网成本。目前，美国各州和电力公司正在探索推进的改革措施包括多个项目组团升级与"先投资、后收费"。后者的投资主体可以是分布式电源业主，也可以是电力公司，因此可以概括为以下 3 类：

(1) 将多个项目打包组团，作为一个整体开展电网升级改造需求研究和工程实施。将区域内的一批小型分布式项目放进一个团组，共同研究电网升级改造方案，确定投资需求总额，然后按照各项目接入对电网影响的比例收取费用。在实施过程中，容易遇到的挑战在于，如果项目一旦启动研究和建设，有任何一个申请者改变设计或退出，则需要再做一遍升级改造方案和分配比例，将大大减缓并网过程。

(2) 先期投资的分布式电源业主拥有对后续接入项目的收费权。某个分布式电源业主在支付了并网改造费用后，完成其分布式电源并网，之后还可以向后续并网的项目业主收取一部分费用。这一方法能够提升分布式接入活跃地区的并网效率，但如果未来没有足够的分布式项目接入，也存在成本回收不足的风险。为此，纽约州公共服务委员会曾经对超过 174 万元的变电站级升级改造发布了"有限的强制性成本分摊规则"，允许完成升级改造的投资者向接入该变电站且规模超过 200kW 的项目收费。

(3) 电力公司先期开展电网升级改造投资，此后对接入项目按照容量大小收费。上述第二种方法有助于解决"搭便车"问题，但对于在分布式并网队列中排在第一位的用户来说，可能没有足够资金完成电网升级改造，导致整个区域的项目进展缓慢。针对这一问题，有些州又推出了由电力公司优先投资的解决方案，即电力公司现行支付电网升级改造成本，然后按照接入项目的容量大小向各个项目业主收费。例如，夏威夷电力公司对装机容量超过 50kW 的分布式项目按照容量大小收费。这一方式能够在一定程度上提高分布式电源并网效率，但其缺点是如果该区域内并网分布式项目不够多，可能会引起对投资公平性的担忧。

10

启示建议

由于资源禀赋、体制机制等方面的差异，德国、日本、美国的能源转型战略各有侧重，但电网作为推进能源转型的重要着力点，各国均积极推进适应本国发展特点的电网转型升级。结合中国电网发展现状、发展环境和发展方向，主要有以下三点启示：

一是强化政策支持。一方面，促进新能源接入，德国、日本均出台了支持新能源发展的法律，如德国的《可再生能源法》、日本的《日本能源政策基本法》，积极引导行业出台相关标准、企业加大发展力度，形成上下联动、横向协同的新能源发展模式。另一方面，加强电网互联互通，日本、美国均出台了加强跨区联网发展的政策文件，日本专门成立了推进区域互联、统一调度的机构，加大力度破除区域间电网发展的阻碍，通过区域互通互济提高电网稳定水平，增加新能源的跨区调配与消纳。

二是释放电网存量潜能。国外新建电网受诸多现实条件制约，无法在短期内通过新建方式来提升电网性能水平。日本、美国发布的下一代电网发展技术中，核心理念均是在小幅改变电网物理基础的前提下，通过技术革新、机制创新来提升电网的功能作用，更好地服务能源转型发展的需要，例如日本提出的"非固定式接入"，美国提出的线路动态增容技术、灵活拓扑技术、固态变电站技术。从某种角度来看，日本、美国受限于国内环境，以新建电网缓解电力输送和新能源接纳的压力相对困难，因此着力于存量挖潜。

三是注重功能智慧升级。智慧化是各国电网升级转型的重点发展方向，数字化、智能化等先进信息技术与电网深度融合，拓展了电网的功能水平，丰富了业务业态，进一步提升了电网资源的价值。德国加强源网荷储互动、日本增强终端控制等重点技术，均是依赖于数字化、智能化技术的融合应用，多渠道丰富和强化电网平衡手段，助力新能源友好接入。

在构建新型能源体系和新型电力系统的目标要求下，结合国际经验，电网发展须以保障能源安全为前提，做好三个统筹：

一是统筹技术创新与政策机制。推动源网荷储智各环节技术创新，发挥关键动力作用，同时推动机制创新和模式创新也刻不容缓，为技术推广应用营造良好环境。技术创新方面，重点促进先进信息通信技术、控制技术和能源技术深度融合应用，强化电网平衡能力。政策机制方面，提前布局政策、建立机制，为新技术及其带来的新业态、新主体指明发展方向，同时为新技术在电网中发挥作用创造环境，促进新技术推广应用。

二是统筹存量挖潜与增量赋能。充分发挥体制机制优势，着力把电网打造成清洁能源优化配置平台，持续提升已建输电通道利用效率，优化送端配套电源结构，充分挖掘释放电网功能价值，以提高双向互动、转供能力、调峰能力，增强水火风光资源的综合优化配置能力，提高清洁能源接纳水平。另一方面，通过全局谋划，统筹推进电网新建工程，为电网赋予更大的清洁能源消纳潜能，具体包括加大跨区输送清洁能源力度，提升源网荷储智协调互动水平，持续支持分布式电源和微电网发展，推动风光水火储多能融合互补、电气冷热多元聚合互动、源网荷储智能协调控制，支撑新能源发电、多元化储能、新型负荷大规模友好接入。

三是统筹传统元素与新型主体。坚持智慧提升，强化源网荷储智全环节的智能感知能力，打造网架坚强、高速承载、泛在接入、智能感知的一体化电网，提升传统元素和新型主体的可观、可测、可控水平，制定更加灵活优化的平衡方式，逐年提出与新能源发展水平相适应的火电灵活性改造及储能需求规模，实现更大范围常规电源、新能源统筹协调控制，在支撑能源转型的过程中，形成传统元素和新型主体相互关联、相互支撑的协同发展模式。

技术专题篇

11

推动新型电力系统构建的电网关键技术创新实践及展望

构建新型电力系统，实现关键技术突破尤为重要。结合新型电力系统技术发展需求，从新能源友好并网支撑技术、先进交直流输变电技术、智慧配用电技术、新型调度控制技术、储能技术、电网数字化技术等六个方面分析相关电网技术创新实践应用情况，研判新型电力系统下电网技术创新发展趋势。

11.1　新能源友好并网支撑技术

随着局部地区集中接入规模增大，新能源的弱抗扰性、故障穿越能力不足问题开始显现。同时，在大基地开发、特高压直流送出的发展模式下，电力系统呈现高比例可再生能源、高比例电力电子装备特征，系统稳定性面临较大挑战。当前，新能源在输出合格电能并入大电网的同时，还需对电网提供主动支撑，保证电力系统安全稳定性，提升新能源消纳比例。**通过提高新能源动态调节支撑能力及多层级集群控制水平，促进高比例新能源并网系统安全稳定运行。**

一是强化新能源机组惯量电压支撑，提升新能源主动支撑和自主运行能力。通过加装虚拟同步机，以及配套储能、调相机、无功补偿装置等，新能源并网由"被动适应"转向"主动支撑和自主运行"，提升新能源机组惯量支撑和电压调节能力。

二是分层分区合理配置源网荷无功补偿，提升新能源高低压穿越能力。源侧发挥常规机组调压作用，加快新能源发电及并网电压补偿技术标准修订，发展光热发电机组并接入主网参与调压；网侧利用调相机、FACTS、柔直、储能等动态无功装置建立主网虚拟无功电源群，保障必要的短路容量和动态无功调节能力；荷侧在低电压电网建立新能源多级集群化电压控制系统，配置含需求侧响应、微电网自治的电压支撑体系。同时，加强新能源机组高低压穿越能力改造，明确高压甚至零压穿越能力标准，比如德国、美国等国家要求机组实现

109

0.5s内的零电压穿越。

三是针对高比例新能源接入弱支撑问题，设计适用于各层级的分散-协调控制体系架构，实现新能源设备级、场站级与系统级的安全稳定控制协调配合。新能源单台机组相比常规火电机组容量很小，通常以集群方式并网，对于电网调控而言仅需明确场站端口特性，即黑箱化控制，单元级主要按照场站控制指令实现及时响应，广域强调场站间的协调控制，避免出现系统连锁故障。

设备级，评估大干扰条件下不同类型电力电子设备的控制性能及可控范围，支撑场站级及系统级控制的实施。

场站级，依据场站内各种类型电力电子设备的控制能力，优化各电力电子设备的控制资源，实现场站协同控制。

系统级，根据系统级的稳定控制目标，设计控制器，协调各场站的控制资源，具备主动支撑和组网运行能力，实现高比例电力电子电力系统的广域协调控制，抑制宽频振荡等新型振荡问题。

2022年9月，南瑞集团研制无储能支撑光伏自同步电压源及其场站控制系统，在张北国家风光储输示范电站示范运行，完成光伏发电单元主动支撑构网控制、多机集群自主构网与协调控制等全工况试验，测试与验证了具备主体电源特性的自同步电压源控制技术在支撑电网运行稳定性的性能，为构建新型电力系统提供了技术与装备支撑。在虚拟同步机研制基础上，研制500kW自同步电压源型光伏逆变器、自同步电压源新能源场站控制系统等新能源构网核心装备，联合张北风光储公司建成涵盖10台500kW光伏自同步电压源、多台传统电流源型光伏发电单元和新能源场站控制系统等实证试验环境。现场验证了光伏自同步电压源电压频率暂态支撑、高/低电压穿越、带馈线全黑启动等能力。同时，通过复现锦苏单极闭锁、青豫直流双极闭锁故障等典型电压频率故障场景，实现多机独立构网、电压源与电流源混合构网、冲击负载大扰动下集群协调控制等功能。

11.2　先进交直流输变电技术

先进交直流输变电技术是在传统输电技术的基础上，通过电力电子等新的技术来提升输送能力和效率，实现高效、智能、环保的电能传输，也是保证大规模新能源大范围高效汇集、灵活传递及分散消纳的重要手段，是支撑构建新型电力系统核心技术之一。主要包括特高压直流输电技术、灵活交流输电技术、灵活直流输电技术，以及分频输电、长距离无线输电、超导输电等前瞻性技术。

柔性直流输电技术是以电压源换流器为核心的新一代直流输电技术，具有响应速度快、可控性好、适应性强、运行方式灵活、同等容量占地规模小等特点，广泛应用于新能源送出、电网互联、远距离大容量输电、城市高密度负荷中心供电等场景。截至 2021 年，国际上已经投运的柔性直流输电工程达到 54 个[11]，总变电容量约为 63GW，其中，中国工程数量占比为 20.4％，容量占比为 55％。中国已投运的柔性直流有 11 项，电压等级最高达到 ±800kV，输送容量可达到 5000MW。未来国内外还将新建较多柔性直流工程，欧洲大陆、北美地区以及新兴经济体国家都已规划基于柔性直流跨区域联网项目，欧洲"超级电网"计划将柔性输电作为骨干网架和主要路线，提升欧洲电网可再生能源消纳利用。

柔性输电逐渐向着多端化和网络化方向发展，随着模块化多电平技术、先进电力电子技术的快速发展，柔性直流技术整体成本较初期大幅下降。 多端直流和直流电网可实现多电源供电、多落点受电，可为多种形式大规模清洁能源发电的广域互联和送出消纳提供高效传输平台。大规模新能源接入电网，常规电源逐步退出，电网呈现弱惯量特征，柔性直流输电将凭借自身灵活调节特性，在系统惯量支撑、快速灵活调节、保障系统安全稳定运行等方面发挥重要作用，是新型电力系统的重要技术支撑手段。表 11-1 所示为柔性直流输电工程建成投运情况。

表 11 - 1 柔性直流输电工程建成投运情况

序号	工程名称	投运年份	容量(MW)	直流电压(kV)	电缆/架空线	距离(km)	应用场景
1	上海南汇	2011	20	30	直流电缆	8	新能源并网
2	南澳多端	2013	200, 100, 50	160	架空线+直流电缆	20.6+20.2	新能源并网
3	舟山五端	2014	400, 300, 100×3	200	直流电缆	140.4	新能源并网
4	厦门工程	2015	1000	320	直流电缆	10.7	城市高密度负荷中心供电
5	鲁西背靠背	2016	1000	350	—	—	电网柔性互联
6	渝鄂背靠背	2019	1250×4	420	—	—	电网柔性互联
7	张北直流电网工程	2020	3000	500	架空线	648.2	新能源并网
8	昆柳龙直流工程	2020	5000	800	架空线	1452	远距离架空线输电
9	如东海上风电工程	2021	1100	400	海底电缆	103	新能源并网
10	广东背靠背工程	2022	1500×4	300	—	—	电网柔性互联
11	白鹤滩工程	2022	8000	800	架空线	2088	远距离架空线输电

标准制定方面，2022 年 6 月柔性直流 IEC TR 63363 - 1 标准《柔性直流输电系统特性 第 1 部分：稳态条件》发布。该标准明确了柔性直流输电系统的稳态特性要求，并以通用案例的形式给出了柔性直流输电系统的拓扑结构、额

定参数、有功 - 无功和电压 - 无功稳态特性、过负荷能力、换流站基本类型及运行模式、交流系统电压频率及无功交换特性、直流传输线路参数等要求与技术内容。

直流输电工程方面，2022 年 5 月粤港澳大湾区直流背靠背电网工程投产。该工程将粤港澳大湾区电网核心区域分成两个"背靠背"相对独立智能电网，进一步优化大湾区网架结构，保障迎峰度夏期间供电安全可靠。该工程通过"2×1500MW 双单元并联运行"方案，实现故障隔离、紧急功率支援和短路电流控制三大功能，降低粤港澳大湾区高密度负荷中心电网运行风险，提升广东电网电力供应和配置能力，有助于解决广东电网短路电流超标、多直流落点稳定风险、大面积停电三大问题。

灵活交流输电技术（FACTS）在提升传输能力、安全稳定性等方面具有优越性能，目前已经在中国、美国、日本、巴西等国重要的高压输电工程中得到运用，包括静止同步补偿器（STATCOM）、统一潮流控制器（UPFC）、调相机等，但工程造价仍较常规输电系统工程高，且技术成熟度和设备可靠性还有待进一步完善。随着特高压直流的快速发展、清洁能源的大规模开发，部分地区动态无功储备下降、电压支撑不足的问题愈发突出，电压稳定问题成为影响大电网安全稳定的主要问题之一。直流大规模输送有功同步匹配大规模动态无功补偿，即"大直流输电、强无功支撑"成为直流大规模输送清洁电力的必然选择。2022 年 1 月，世界最大规模新能源分布式调相机群在青海建成投运。该机群包括 21 台 50Mvar 新能源分布式调相机，均系自主研发生产，具有完全知识产权，具备动态性能好、过载能力强等优点，动态电压支撑能力较传统电机提升 2 倍，温升降低 50%，过载能力大幅提升 4.5 倍，可在 4000m 高海拔地区运行，设备性能优越，运行稳定可靠。该调相机群投运后，可直接提升青海海南地区新能源外送能力 350 万 kW，预计年均增发新能源电量 70.2 亿 kW·h，若全部输送至华中地区，年均可替代当地火电原煤 318.9 万 t，减排二氧化碳 574.2 万 t。

　　分频输电技术利用较低的频率（如 50/3Hz）传输电能，减少交流输电线路电气距离，提高系统传输能力。分频输电方式的基本思想是通过降低输电频率方式降低线路阻抗，从而提高线路输送容量。该输电方式适合原动机转速较低的水电或风电机组，且往往水电厂、风电场距离负荷中心较远，需要远距离输电，通过分频输电技术不仅可以提高输送的有功功率，还可以减少电压降落，提高电压稳定性。电力电子技术进步为大功率变频装置发展创造了条件，世界上不少国家开展了低频送电方式的研究和工程示范应用。2022 年 6 月，国网浙江台州 35kV 柔性低频输电示范工程投运，该工程将大陈岛低频风机输出的低频交流电，经过 35kV 大陈变电站和新敷设的一条 35kV 低频海缆，接入陆上的盐场换频站并入工频主网。该工程除供应大陈岛自身用电外，年均可向陆上供电超过 6000 万 kW·h，有效提升了海岛富裕清洁能源送出与消纳水平，也为中远海风电开发和电力输送提供了技术路径。

　　超导输电技术是利用超导体的零电阻和高密度载流能力发展起来的新型输电技术。其原理是在零下 196℃ 的液氮环境中，利用超导材料的超导特性，使电力传输介质接近于零电阻，电能传输损耗趋近于零，从而实现低电压等级的大容量输电。超导电缆具有载流量大、体积小的优势，为城市电网改造和狭窄空间的电力扩容，提供了很好的解决方案。2022 年 2 月，上海全长 1.2km 的 35kV 公里级超导电缆示范工程完成大负荷试验，在大负荷运行状况下相当于 7～10 根普通电缆，通过连续 9h 1000A 以上、最大 1289A 的大负荷运行，初步验证了超导电缆具备带大负荷运行的能力。在日常运行情况下，超导电缆的载流量相当于 4～5 根同电压等级普通电缆，在大负荷运行状况下相当于 7～10 根普通电缆，可解决大城市电网"窄通道大容量"的输电难题。同时与常规电缆相比，可实现 14% 的减排效果，节省 70% 的地下管廊空间。2021 年 1 月，日本铁路公司铁道综合技术研究所开发出以覆盖输电电线的形式让液氮流动，从而高效冷却电线的技术，已在宫崎县布设达到实用水平的输电线路，并开始实证试验，通过大幅减少输电损耗来降低成本。

11.3　智慧配用电技术

促进风光储能等分布式资源灵活接入、多种能源综合利用、源网荷储协同是当下以及未来的配用电技术发展重点。大规模分布式资源接入后，配用电侧所面临的整体格局是总量大、单体小，而微电网技术是实现数量庞大、形式多样的分布式电源接入并且可灵活高效应用的集成技术和物理单元，智慧能源站具有对局域多能互联系统的集中管理能力，实现灵活调配与潮流优化，同时能够对大量数据进行分析管理。结合先进信息通信技术，微电网和智慧能源站是能源供应系统降低能耗、提高效益、智慧化运行的重要载体，提升分布式资源可观、可测、可控水平，拓展应用场景，实现以电为核心的多种能源综合清洁化利用。

高海拔水光储智能微电网攻克多项技术难关。2022 年 5 月，高海拔水光储智能微电网在云南迪庆州三坝乡建成投运，为地区的供电提供了备用电源。该项目由南方电网云南省电科院、云南迪庆供电局联合规划建设。项目历时两年，先后攻克小水电双模式运行改造、高海拔构网型电力电子设备研制、分散式能量管理系统和电能质量控制等关键技术，成功开展涉网及多层级微电网供电运行试验数十项。

"源网荷储"中压特色微电网工程实现分布式电源运行方式灵活切换，助力清洁能源更好消纳。2021 年 9 月，广东省云浮市新兴县 10kV 共成线中压微电网建成投运，该工程是南方电网公司第一个"源网荷储"中压特色微电网工程。10kV 共成线中压微电网通过储能开关站将多个分布式电源、大电网、用户、储能设备连接在一起，使分布式电源在停运、并网运行、离网运行方式之间自适应转换，同时可以存储电能 2MW。该工程能有效提高太平镇的用电质量，使当地水电清洁能源得到"友好"消纳。

氢电耦合直流微电网促进氢能和电能互相转化、高效协同。宁波慈溪氢电耦合直流微电网示范工程于 2022 年 6 月建设，每日可满足慈溪滨海经济开发区 10 辆氢能燃料电池大巴加氢、50 辆纯电动汽车直流快充需求。氢电耦合是实现氢能和电能互相转化、高效协同的能源网络，在用电低谷时将风、光电能等清洁能源制氢存储，在用电高峰时再通过氢燃料电池发电，可以实现电网削峰填谷。杭州亚运低碳氢能示范工程（钱塘氢电耦合综合示范项目）于 2021 年 10 月启动，是融合了柔性直流、氢电耦合、多能互补的"零碳"绿色园区，项目新建一套碱性电解水制氢设备，电源来自电网谷电和分布式光伏发电。产生的部分氢气经增压存储系统外供周边加氢子站和园区内物流车使用，可降低城市交通工具的碳排放量。部分氢气经燃料电池系统实现热电联供，输出电能接入直流配网系统，输出的热能供园区内数据中心使用。本项目可实现电网谷电、新能源制氢与氢燃料电池发电的耦合，有利于电网调峰与新能源的就地消纳。

多能互补零碳柔直示范工程实现风光资源充分消纳。2022 年 5 月，浙江杭州钱塘多能互补零碳柔直示范工程启动投运。该工程通过在杭州钱塘多能互补零碳柔直示范园区深化应用柔性直流关键技术和数字化技术，实现了沿江丰富的风光资源充分消纳和电氢耦合，以及城市用电密集区域局部电网间"手拉手"互联互济，呈现出一套完整的新型电力系统直流配电网应用场景，促进了源网荷储友好协同、区域网格互联互济。

智慧能源站是在传统变电站的基础上，将数据中心站、储能站、充电站、光伏站、5G 通信基站融合建设，构建"能源流、数据流、业务流"三流合一的一体化运营平台，具有对局域多能互联系统的集中管理能力，可实现电力能源的灵活调配与潮流优化，同时能够结合移动物联网和能源大数据等先进技术有效提升能源管理水平和综合能效。2022 年 8 月，株洲成家（白关）220kV 智慧能源站投产。该站位于湖南省株洲市芦淞区白关镇，是集"建设、设备、控制、信息、业务"五大融合为一体的综合能源枢纽，变电站可逐步提供 96 万 kV·A 的变电容量，以"一张网"覆盖站内全部交直流负荷，并通过能量管理系统，实现源网荷储一体化管控和协同运行。

"风光火储输"多能互补绿色智慧综合能源助力能源和经济的双转型发展。2021 年 12 月，甘肃陇东千万千瓦级多能互补综合能源基地全面开工。华能陇东能源基地是千万千瓦级"风光火储输"多能互补绿色智慧综合能源基地，规划装机规模超 1000 万 kW，其中，清洁能源装机占比超 80%。项目落地投资超 1000 亿元，每年向山东输送电力 240 亿 kW·h。陇东能源基地以"三型""三化"（基地型、清洁型、互补型，集约化、数字化、标准化）为开发路径，规划建设庆阳风光综合新能源示范项目、正宁调峰煤电项目、核桃峪煤矿、新庄煤矿、储能项目等。其中，正宁调峰煤电项目预计投资 76.5 亿元，建成后每年可发电 100 亿 kW·h，项目将采用智能控制策略，充分发挥削峰填谷、深度调峰作用，有效解决大规模新能源发电存在的间歇性和波动性问题，项目同步开展全球最大 150 万 t 年大规模二氧化碳捕集、利用与封存关键技术研究与工程示范，通过烟风系统整体协同处理技术，使烟尘、二氧化硫、氮氧化物实现近零排放。

西澳大利亚最大的虚拟电厂促进分布式能源更有效整合到电网中。2022 年 11 月，由电网供应商、能源市场运营商等共同承担的西澳大利亚虚拟电厂 Project Symphony 项目投运。该项目可将分布式资源有效整合到电网中，通过协调户用光伏、电池储能系统和一些家用电器（如智能恒温器）等设备实时响应电网状况，有效管理高峰时段和非高峰时段的电力流量。

11.4　新型调度控制技术

随着高比例新能源、多元负荷的接入，电力系统控制对象从以源为主扩展到源网荷储智各环节，控制规模呈指数级增长。电力系统调控技术需进行优化调整，针对集中式资源、分布式资源形成新一代调度控制技术，适应可控资源海量化、异质化、碎片化、时变化特征，保障新型电力系统安全运行。

基于响应的安全稳定控制技术应用于新一代调度控制系统，实现实时决策、实时控制，有效应对小概率、大影响事故。当前大电网控制主要通过大量离线/在线计算来制定控制策略，由于运行方式和预想故障不可能穷举，存在失配风险，在应对小概率复杂事件方面适应性不足。基于响应的安全稳定控制模式，利用精确可靠的量测技术和先进快速的通信技术，不依赖于离线或在线仿真计算、无须预想运行方式和故障集合，不局限于就地信息，可有效避免安全稳定控制措施失效的风险，确保系统安全稳定运行和防止大面积停电。

2022 年 1 月，国网江苏公司新一代调度支持系统上线。该系统是在传统调度控制系统的基础上，在数据采集范围、系统运算能力、省市协同效率、基础调度功能等方面进行了升级，具备信息感知更立体、实时调度更精准、在线决策更智能、运行组织更科学、人机交互更友好、平台支撑更坚强等特征，有效支撑新型电力系统构建。该系统采集范围由原来的只监测 3200 条 220kV 以上的电力线路，拓展到现在全省 78 000 多条 10kV 以上的线路，采集线路数量拓展了约 24.5 倍。该系统增加了"预调度"功能，可以根据气象预测、新能源大点预测、区域发用电预测、停电计划等数据信息，进行模拟推演，实现未来 10h 内的气象灾害、设备临时检修、线路突发故障等潜在风险的预警，并在线自动生成故障处置预案，提升电网故障恢复响应能力。

建设适应大规模分布式电源发展的新型配电调度，提升全景观测、精准控制、主配协同控制水平。推广 5G＋智能电网调控应用，满足海量分布式电源调度通信需求，实现广域源网荷储智资源协调控制。基于先进通信的配电网保护配置、主动配电网运行分析及协调控制等技术，全面升级配电网二次系统，实现方式灵活调节和故障快速隔离。

2022 年 6 月，河北省平山县营里乡 10kV 兆瓦级新型电力系统示范工程建成投运。该工程应用自带惯量的构网型控制技术，有效解决光伏发电随机性、间歇性、波动性等问题，实现对电网的主动感知、主动响应和主动支撑，推动清洁能源安全可靠替代，同时提高本地新能源消纳能力和局域电网供电质量。示范工程中包括了与光伏发电设备配套建设的储能系统，在阳光充足时，将富余的光伏电能储存在本地，达到区域内光伏发电和用电负荷的柔性平衡，同时为区域电网提供电压、频率和无功功率支撑，保障大规模分布式光伏接入电网后安全稳定运行，提升供电可靠性。

11.5 储能技术

储能过去主要配置在一次能源环节，未来二次能源环节也将增加储能配置。传统电力系统的储能主要配置在一次能源环节，如煤场、油库、天然气储罐等。新型电力系统的储能设施将主要配置在二次能源环节，如储电设施、储热设施、储氢设施等。

从存储介质看，目前主要是电储能，未来将拓展热储能、氢储能应用。从时间尺度看，目前主要是分钟、小时、天的功率和容量调节，未来周、季度的容量调节需求变大。从配置环节看，目前主要配置在电源侧、负荷侧，未来将随着价格机制引导，进行广泛布局。从技术类别看，目前主要是抽水蓄能，未来电化学储能、氢储能等新型储能将逐步增加。

从安全性看，影响因素包括电池的品种、设计水平、生产质量、总容量、使用时间的长短、安全措施的有效性、使用的合理性等，其中电池的品种最为根本。抽水蓄能是最安全可靠、最适用的储能方式，电化学储能由于电池热失控和电池管理系统短板，安全问题仍未根本解决，处于多技术路线攻关、比选阶段。表 11-2 所示为多类型储能技术特征。

表 11-2 多类型储能技术特征

类别	技术类型	实际工程功率等级	效率（%）	响应时间	服役年限或充放次数	能量密度（W·h/kg）
物理储能	抽水蓄能	吉瓦级	70～80	分钟级	30～40 年	0.5～1.5
	先进绝热压缩空气储能	十兆瓦级	40～65	分钟级	30～50 年	3～6
	飞轮储能	兆瓦级	＞85	分钟级	20～25 年	5～7

续表

类别	技术类型	实际工程功率等级	效率（%）	响应时间	服役年限或充放次数	能量密度（W·h/kg）
电化学储能	磷酸铁锂电池	百兆瓦级	85～90	毫秒级	6000～10 000 次	150～250
	钠硫电池	百兆瓦级	80～90	毫秒级	4000～6000 次	90～120
	全钒液流电池	百兆瓦级	70～75	毫秒级	10 000～15 000 次	15～20
	铅炭电池	十兆瓦级	70～80	毫秒级	2000～4000 次	30～40
电磁储能	超导储能	十兆瓦级	＞95	毫秒级	＞50 年	1～2
	超级电容	兆瓦级	＞90	毫秒级	30～50 年	10～30
储热技术	熔融盐储热	十兆瓦级	40～50	分钟级	10～15 年	100～150
	相变储热	十兆瓦级	—	秒级	15～20 年	150～300
化学燃料储能	氢储能	百兆瓦级	30～40	分钟级	12～20 年	—

新能源连续出力波动导致电力供应紧张、消纳困难，长时段储能技术需求激增。在冬春之交的连续寒潮等极端条件下，电力平衡面临巨大挑战，需要周及以上长时段储能发挥电力电量平衡支撑作用。在秋冬之交光伏高出力、风电较高出力、国庆假期负荷较低的极端条件下，系统调节面临巨大挑战，需要周及以上长时段储能发挥新能源消纳作用。目前，抽水蓄能技术成熟、成本较低，是优先选择。远期，抽水蓄能、电化学储能、熔融盐储热、压缩空气储能、氢储能、煤电＋CCUS（发挥替代作用）将会发挥长时段储能的作用。国家发展改革委、国家能源局印发的《"十四五"新型储能发展实施方案》，部署了多种储能技术的研发攻关任务，**包括全钒液流电池、铁铬液流电池、压缩空气储能、熔盐储热、氢储能等多种类别长时段储能技术**。国外也更关注长时段储能技术研发，2022 年 6 月，美国能源部宣布根据《两党基础设施法案》拨款，将在四年内共资助 5.05 亿美元促进长时段储能技术开发，通过降低成本推动储能系统更广泛的商业示范部署，以实现到 2035 年 100％清洁电力目标。

2022 年 5 月，江苏金坛盐穴压缩空气储能国家试验示范项目投产。盐穴压缩空气储能是一种利用地下盐穴储气的大容量物理储能技术，其利用低谷电能将空气压缩到盐穴中，用电高峰时再释放压缩空气发电，从而实现电网削峰填谷，提升电网调节能力和新能源消纳能力，具有容量大、寿命长、安全环保等优势。一期工程储能容量 300MW·h，一个储能周期可存储电量 30 万 kW·h，可供 6 万居民一天的用电，年发电量约为 1 亿 kW·h。采用"低吸高发"的日启停工作模式，负荷低谷时段压缩储能运行 8h，负荷高峰时段释能发电 5h。项目利用金坛地下盐穴资源，以压缩空气为主要介质实现能量存储转化，全程无污染、零排放，电—电转换效率达 60%，远期建设规模将达 1000MW。图 11-1 所示为盐穴压缩空气储能原理图。

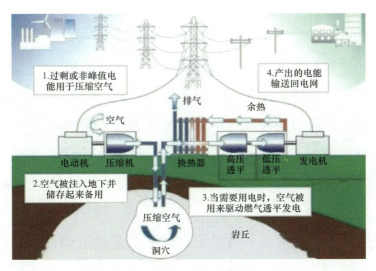

图 11-1　盐穴压缩空气储能原理图

2022 年 5 月，大连液流电池储能调峰电站完成电网测试。全钒液流电池储能技术，适用于大功率、大容量储能，具有安全性好、循环寿命长、响应速度快、能源转换效率较高、绿色环保等优点。该电站是国家能源局批准建设的首个国家级大型化学储能示范项目，在极端特殊情况时，储能电站还可以作为"黑启动"电源带动无启动能力的发电机组，帮助电网恢复，保障电网运行的安全性和稳定性。也可以作为备用电源，在电网出现故障时，为医院、应急救援等重要部门提供 4h 左右的持续供电。

2022年1月，"容和一号"铁－铬液流电池首条量产线建成投产。铁－铬液流电池储能技术是储能时间较长、安全的电化学储能技术之一，该技术的电解质溶液为水系溶液，不会发生爆炸，可实现功率和容量按需灵活定制，且具有循环寿命长、稳定性好、易回收、运行温度范围广、成本低廉等优势，符合大规模、长时间储能需求的新型电力系统。

2021年9月，哈密光热50MW熔盐塔式光热发电项目成功实现全容量并网。该项目采用塔式熔盐发电技术，利用布置于地面的14 500面定日镜将太阳光反射到位于181m的吸热塔上，吸热塔中的熔盐吸收热量，将约300℃的熔盐加热成560℃的高温熔盐，再经过热能交换产生高温高压蒸汽，推动汽轮发电机发电。项目配置13h储热系统，确保机组24h连续、稳定运行，同时由于采用熔盐作为储热介质，按照电网需求随时进行负荷调整。

2022年4月，台州大陈岛海岛"绿氢"综合能源示范项目实现制氢。该项目通过构建基于百分百新能源发电的制氢－储氢－燃料电池热电联供系统，实现清洁能源百分百消纳与全过程零碳供能。示范工程制氢与发电功率100kW，储氢容量200m³（标准状态），供电时长逾2h，制氢－燃料电池热电气联供全系统综合能效超过72%。

电网侧独立储能加快应用，有效促进新能源就地消纳，保障电力系统安全稳定运行。2022年8月，浙江萧山大型电网侧独立储能示范项目通过72h全容量试运行。该项目第一阶段配置储能容量为50MW/100MW·h，最高可储能10万kW·h，其参与电网AGC频率调节能力相当于2台60万kW级燃煤机组，是一座集中布置、集中调控、独立统调的大型电化学储能示范电站。2022年9月，南方电网广东梅州五华电网侧独立电池储能项目开工，可为梅州周边地区新能源消纳和电网安全稳定运行提供保障。该项目也是广东省能源局和南方电网公司的示范项目，项目建设规模为70MW/140MW·h，是南方电网首个百兆瓦·时级电网侧独立储能项目，应用浸没式储能电池系统，提升了消防安全性。2022年11月，英国清洁能源开发商Harmony Energy公司在英格兰地区的一个 98MW/196MW•h 电池储能系统项目投运，部署在北部赫尔市，采用特斯拉公司提供的 Megapack 电池储能系统构建，将对英国电网运营商 National Grid 公司的电网稳定运营提供支持，所储能量可为 30 万个家庭提供长达 2h 的电力。

11.6　电网数字化技术

电网数字化技术包括大数据、人工智能、边缘计算、电力通信（5G）等。**大数据**利用大规模存储、数据分析以及可视化展示等相关技术从海量数据中获取有价值的信息，支撑能源互联网的建设。在"双碳"目标驱动下，围绕"碳"数据的收集分析将是大数据技术的重点应用场景。**人工智能**是指通过计算机的超强运算能力模仿人工的方法和技术并实现延伸和拓展，多应用于电力系统运行中的负荷/电价/发电预测、故障识别、安全稳定判断、智能运维、调度控制和需求响应潜力分析等方面。**边缘计算**是指一种在网络边缘进行计算的新型计算模式，主要特征是在物理距离上接近信息生成源，具有低延迟、能量高效、隐私保护、带宽占用少等优点。

在构建新型电力系统背景下，数字化技术的综合应用是挖掘源网荷储智全环节调节潜力的重要手段，也是提升系统控制能力、促进系统安全可靠的基础保障之一，因此，**数字化技术在源网荷储智全环节的融合应用是主要的发展趋势**。

基于边边通信和组群式策略的"源网荷储"友好互动智能微电网在山东威海建成，有效提升系统运行控制能力。2022 年 2 月，该项目正式建成，按照"边 - 端"自治、"边 - 边"互通、"边 - 云"协同的融合终端控制策略顶层设计要求，建设多台区柔直互联低压微电网。一是实现"集中＋分散"模式多台区柔性互联。依托柔性直流系统和储能装置实现 4 个台区能量流互联互济，实现光伏用户、分布式储能、电动汽车充电桩等设备充分利用。二是实现基于融合终端的边边通信。通过建立台区智能融合终端间边边通信通道，实现"一主多从"的多台区融合终端拉手管理，由原来的单台区数据计算升级为多台区区域分析，以"蜂窝式"数据分析计算机制提升智能融合终端的应用水平。三是实现面向微电网的多台区组群式控制策略。通过主站策略配置、融合终端策略自主化执行功能，发挥台区智能融合终端对源网荷储智各端设备的计算与管理能力，实现以本地运行数据为前提条件、既定策略为方法、基于融合终端边缘计算的区域自治。

基于 5G 的虚拟电厂实时调度有效促进分布式电源的聚合与控制。2022 年 11 月，中国电信浙江公司助力华能（浙江）能源开发有限公司打造实时调度的 5G 虚拟电厂项目。该项目为客户构建 5G 虚拟电厂生产专网，提供"网定制、边智能、云协同、应用随选"的 5G 一体化定制融合服务。通过分层调度，实现"一网纳管"。由 5G 切片将虚拟电厂控制数据与公网隔离，实现分布式电源、负荷安全控制。基于 5G 定制 DNN 和网络切片能力，构建虚拟电厂弹性网络，满足虚拟电厂分层分区资源调度需求，实现广域资源一网纳管，进而实现对可调负荷、储能电站、充换电站、分布式电源的聚合与控制。

县域级新型电力系统全环节融入数字化技术，保障系统安全稳定运行。2022 年 11 月，县域级 100%新能源新型电力系统在湖北随州广水市启动送电程序，该系统含 4 座新能源电站，总计新能源装机容量 244MW，其中，风电 194MW、光伏 50MW，供电面积 418km²，供电区域内超过 20 万人。该系统建立了一种全新模式，通过建设数字孪生电网，实现系统全景感知、智能决策，以云计算技术、人工智能算法为支撑，实现与大电网柔性互联，源网荷储全环节协同互动，同时保障新型电力系统稳定运行，在这种模式下可全年实现广水县域 100%新能源独立供电。

新加坡电力企业开发电网数字孪生系统，可确保设备的可用性，保持电网的可靠性，同时具备管理复杂电网的能力。2021 年以来，新加坡能源市场管理局和电力集团持续推进电网数字孪生系统研发，该系统能够实时远程监控变电站、开关设备和电缆等电网资产的状况，并及早识别电网运营中的潜在风险，减少对常规现场检查的需求，有效节省人力资源。

附录　典型国家和地区电网概况

综合考虑国家经济发达程度、技术先进、人口稠密、大电网互联等不同产业基础、用电特征，针对中国电网、北美联合电网、欧洲互联电网、日本电网、巴西电网、印度电网、俄罗斯电网、澳大利亚电网等，主要分析了这些国家和地区的电网基本概况及电网发展情况，包括电源装机容量、发电量以及电网规模、结构等，可为电网发展提供不同视角的借鉴。

（一）中国电网

（1）基本概况。

中国大陆电网（简称中国电网）是世界上可再生能源并网规模最大、输电能力最强、安全运行记录最长的特大型电网，供电范围覆盖中国除台湾地区、香港特别行政区和澳门特别行政区之外的 22 个省、4 个直辖市和 5 个自治区，供电人口超过 14 亿人，主要由国家电网有限公司（简称国家电网公司）、中国南方电网有限责任公司（简称南方电网公司）和内蒙古电力（集团）有限责任公司（简称内蒙古电力公司）3 个电网运营商运营。其中，国家电网公司经营区域覆盖中国 26 个省（自治区、直辖市），供电范围占国土面积的 88%，供电人口超过 11 亿人；南方电网公司经营区域覆盖云南、广西、广东、贵州、海南五省（自治区），覆盖国土面积 100 万 km²，供电总人口 2.54 亿人，供电客户9270 万户，同时兼具向中国香港、澳门送电的任务；内蒙古电力公司负责蒙西电网运营，供电区域 72 万 km²，承担着内蒙古自治区中西部 8 个盟市的供电任务，是华北电网的重要组成部分，是保障京津冀电力供应的重要送端。

除台湾地区外，中国电网实现了全国电网互联，其中，华北电网和华中电网采用交流同步联网，华北—华东、华北—东北、华北—西北、华中—华东、华中—西北、西北—西南、西南—华东、华中—南方大区之间均以直流异步互联。附表 1 所示为 2017－2021 年中国 220kV 及以上输电线路长度。

附表 1　　　　　2017－2021 年中国 220kV 及以上输电线路长度　　　　　km

电压等级	2017 年	2018 年	2019 年	2020 年	2021 年
220kV	415 311	434 493	454 585	488 543	507 120
330kV	30 183	30 477	32 314	36 597	35 552
500kV	173 772	187 158	195 636	203 058	212 350
750kV	18 830	20 543	23 256	25 046	26 950
1000kV	10 073	10 396	10 872	13 361	14 437
400kV 直流	1640	1640	1639	1639	1639
500kV 直流	13 552	13 540	13 733	14 783	14 783
660kV 直流	1334	1334	1334	1334	1334
800kV 直流	20 874	21 324	21 907	24 980	26 539
1100kV 直流		304	3295	3295	3295
合计	685 569	721 209	758 571	812 636	843 999

（2）发展数据。

截至 2021 年，中国发电装机容量为 237 777 万 kW，同比增加 7.8％。其中，火电装机容量 129 739 万 kW，同比上升 3.82％；风电装机容量 32 871 万 kW，同比增加 16.7％；太阳能发电装机容量 30 654 万 kW，同比增加 20.9％。附图 1 所示为 2017－2021 年中国不同电源类型装机容量。

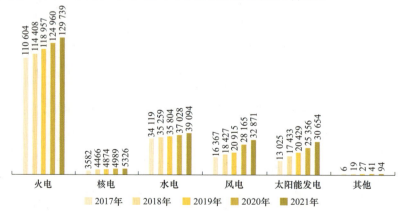

附图 1　2017－2021 年中国不同电源类型装机容量（单位：万 kW）

2021 年，中国发电量为 83 959 亿 kW·h，同比增加 10.09％。其中，火电发电量 56 655 亿 kW·h，同比增加 9.44%；风电发电量 6558 亿 kW·h，同比增加 40.57%；太阳能发电量 3270 亿 kW·h，同比增加 25.23%。附图 2 所示为 2017—2021 年中国不同电源类型发电量。

附图 2　2017—2021 年中国不同电源类型发电量（单位：亿 kW·h）

（二）北美联合电网

(1) 基本概况。

为北美供电的电网由多个相对独立的同步电网组成，其中，东部电网和西部电网是最大的电网，其他 3 个地区包括得州电网、魁北克电网和阿拉斯加电网。这些地区通常不直接连接或相互同步，但存在一些高压直流互联线路，东部和西部电网以总容量 132 万 kW 的线路连接。5 个电网由北美电力可靠性委员会确保供电安全，并下辖 9 个安全协作区可靠性协会。北美联合电网输电规模略有增加，2021 年 220kV 及以上线路长度达到 43 万 km[10-12]。附图 3 所示为北美电网区划示意图，附表 2 所示为 2017—2021 年北美 200kV 及以上输电线路长度。

附表 2	2017—2021 年北美 200kV 及以上输电线路长度				km
电压等级	2017 年	2018 年	2019 年	2020 年	2021 年
200～299kV	195 444	197 275	201 571	204 829	209 198
300～399kV	117 363	117 807	118 755	119 444	120 381
400～599kV	57 918	61 140	63 919	65 731	68 362

续表

电压等级	2017 年	2018 年	2019 年	2020 年	2021 年
600kV 及以上	16 096	16 343	16 396	16 442	16 497
DC	13 022	14 780	15 785	16 589	18 055
合计	399 843	407 345	416 426	423 035	432 493

阿拉斯加电网

魁北克电网

西部电网

东部电网

得州电网

安全协作区可靠性协会：
NPCC　FRCC　TRE
RFC　MRO　WECC
SERC　SPP　ASCC

附图 3　北美电网区划示意图

（2）发展数据。

截至 2021 年，美国发电装机容量为 128 843 万 kW，同比增长 2.4%。其中，火电装机容量 81 852 万 kW，同比下降 0.2%；风电装机容量 13 579 万 kW，同比增加 10.9%；太阳能发电装机容量 15 776 万 kW，同比增加 9.3%。附图 4 所示为 2017—2021 年美国不同电源类型装机容量。

附图4　2017—2021年美国不同电源类型装机容量（单位：万 kW）[10-14]

2021年，美国发电量为 41 607 亿 kW·h，同比增加 1.6%。其中，核电发电量 7713 亿 kW·h，同比降低 2.4%；风电发电量 3929 亿 kW·h，同比增加 12.4%；太阳能发电量 2095 亿 kW·h，同比增加 23.40%。附图5所示为 2017—2021 年美国不同电源类型发电量。

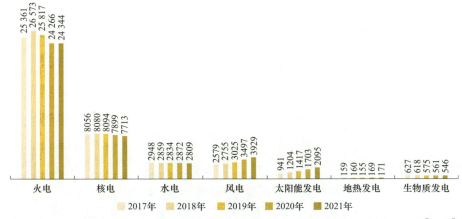

附图5　2017—2021年美国不同电源类型发电量（单位：亿 kW·h）[12-14]

截至 2021 年，加拿大发电装机容量为 15 161 万 kW，同比增长 0.5%。其中，火电装机容量 3600 万 kW，同比下降 1.3%；风电装机容量 1437 万 kW，同比增加 5.0%；水电装机容量 8114 万 kW，同比增加 0.1%。附图6所示为 2017—2021 年加拿大不同电源类型装机容量。

附图 6　2017—2021 年加拿大不同电源类型装机容量（单位：万 kW)[12-14]

2021 年，加拿大发电量为 6067 亿 kW·h[10-13]，同比降低 1.3％。其中，火电发电量 1061 亿 kW·h，同比增加 2.3％；风电发电量 354 亿 kW·h，同比降低 0.3％；太阳能发电量 46 亿 kW·h，同比增加 7.0％。附图 7 所示 2017—2021 年加拿大不同电源类型发电量。

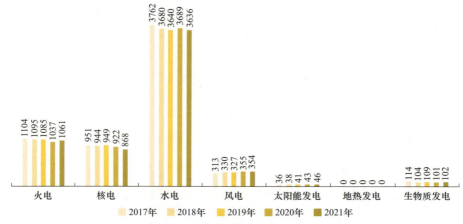

附图 7　2017—2021 年加拿大不同电源类型发电量（单位：亿 kW·h)[12-14]

（三）欧洲互联电网

（1）基本概况。

欧洲互联电网是世界上最大的同步电网（按上网功率），由欧洲电力传输系统运营商网络（ENTSO - E）负责运营。ENTSO - E 是由多个国家和地区的输配电系统运营商（TSO）组成，负责协调欧洲电力系统的安全运营、技术合作、规则制定、绿色发展等。TSO 所在的国家大多是欧盟成员国，少数国家不属于欧盟。

ENTSO‑E 成员包括 36 个国家的 43 个输电运营商，主要职责包括制定电网规划、协调电力输送、制定市场规范、推动新能源发展。除了 ENTSO‑E 成员之外，2015 年 4 月，土耳其电网与欧洲电网实现了同步，乌克兰与摩尔多瓦的电网也于 2022 年 3 月与欧洲电网实现同步。阿尔巴尼亚的国家电网正在与欧洲大陆的同步电网同步运行。摩洛哥、阿尔及利亚和突尼斯的电网通过直布罗陀的交流线路与欧洲电网同步。

虽然是同步大电网，但部分国家在近乎孤岛的模式下运行，与其他国家的连接度较低。欧盟委员会认为提高互联程度是有益的，然而，主干互联网架容量需要进一步升级，才能实现欧洲电网的高度互联。附图 8、附图 9 所示分别为欧洲互联电网区划示意图和欧洲互联电网网架。

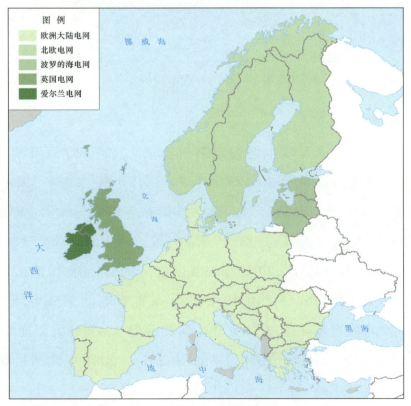

附图 8   欧洲互联电网区划示意图

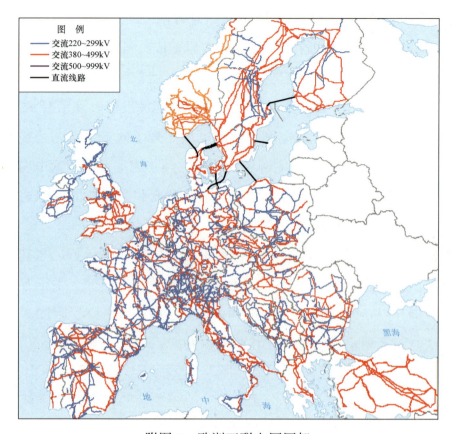

图　例
——— 交流220~299kV
——— 交流380~499kV
——— 交流500~999kV
——— 直流线路

附图 9　欧洲互联电网网架

（2）发展数据。

截至 2021 年，欧洲互联电网发电装机容量为 100 149 万 kW，同比增长 1.4%。其中，火电装机容量 30 128 万 kW，同比下降 4.0%；风电装机容量 20 557 万 kW，同比增加 5.6%；太阳能发电装机容量 16 844 万 kW，同比增加 14.9%。附图 10 所示为 2017—2021 年欧洲互联电网不同电源类型装机容量。

2021 年，欧洲互联电网发电量为 28 236 亿 kW·h，同比增加 2.7%。其中，火电发电量 8977 亿 kW·h，同比增加 4.6%；核电发电量 6662 亿 kW·h，同比增加 5.6%；风电发电量 4305 亿 kW·h，同比降低 3.3%；太阳能发电量 1600 亿 kW·h，同比增加 10.5%。附图 11 所示为 2017—2021 年欧洲互联电网不同电源类型发电量。

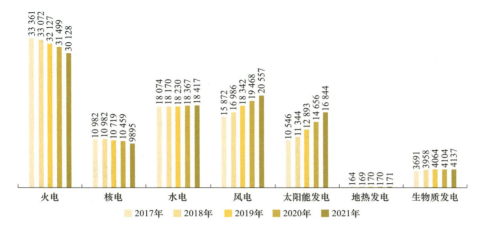

附图 10　2017—2021 年欧洲互联电网不同电源类型装机容量（单位：万 kW）[12-14]

附图 11　2017—2021 年欧洲互联电网不同电源类型发电量（单位：亿 kW·h）[12-14]

（四）日本电网

（1）基本概况。

日本列岛（不含冲绳地区）电网以本州为中心，分为西部电网和东部电网。西部电网包括中国、四国、九州、北陆、中部和关西 6 个电力公司，骨干网架为 500kV 输电线路，频率为 60Hz，由关西电力公司负责调频。东部电网包括北海道、东北和东京 3 个电力公司，骨干网架为 500kV 输电线路，频率为 50Hz，由东京电力公司负责调频。东部电网、西部电网采用直流背靠背联网，通过佐久间（30 万 kW）、新信浓（60 万 kW）和东清水（30 万 kW）3 个变频站连接。此外还包含独立于东、西部电网的冲绳地区电网。大城市电力系统均采用 500kV、275kV 环形供电线路，并以 275kV 或 154kV 高压线路引入市区，广泛采用地下电缆系统和六氟化硫变电站。附图 12 所示为日本供电区划示意图，附表 3 所示为 2017－2021 年日本 220kV 及以上输电线路长度。

附图 12　日本电网区划示意图[15]

附表 3　　　　　　2017－2021 年日本 220kV 及以上输电线路长度　　　　　　km

电压等级	2017 年	2018 年	2019 年	2020 年	2021 年
220kV	5162	5162	5161	5162	5165
275kV	16 206	16 206	16 236	16 251	16 251
500kV	15 497	15 618	15 624	15 803	15 886
合计	36 865	36 986	37 021	37 216	37 302

（2）发展数据。

截至 2021 财年，日本发电装机容量为 35 781 万 kW，同比增长 1.6%。其中，火电装机容量 18 714 万 kW，同比下降 0.6%；风电装机容量 457 万 kW，同比增加 3.2%；太阳能发电装机容量 7795 万 kW，同比增加 9.1%。附图 13 所示为 2017—2021 财年日本不同电源类型装机容量。

附图 13　2017—2021 财年日本不同电源类型装机容量（单位：万 kW）[12-13]

2021 财年，日本发电量为 9607 亿 kW·h，同比增加 2.8%。核电部分原有装机重新启动，发电量增加 43.3%，恢复至 2019 年水平，太阳能、风力、水力发电量稳步增加，同比分别增加 11.8%、5.3%、2.1%。附图 14 所示为 2017—2021 财年日本不同电源类型发电量。

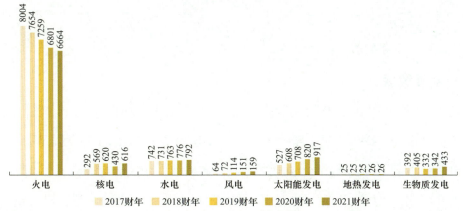

附图 14　2017—2021 财年日本不同电源类型发电量（单位：亿 kW·h）[12-13]

（五）巴西电网

（1）基本概况。

巴西拥有拉丁美洲最大的电网。截至 2021 年底，总装机容量为 1910 千万 kW，自 1970 年的 100 万 kW，平均每年增长 5.8%。巴西拥有世界上最大的储水能力，依靠水力发电能力，满足其 60% 以上的电力需求。额定频率为 60Hz，83% 的电力来自可再生资源。

巴西电网由南部、东南部、中西部、东北部和北部部分地区的电力公司共同组成国家互联系统（The National Interconnected System，NIS）。该国有 3.4% 的电力生产位于 NIS 之外，主要是位于亚马孙地区的小型孤网系统。附图 15 所示为巴西电网区划示意图，附表 4 所示为 2017—2021 年巴西 230kV 及以上输电线路长度。

附表 4　2017—2021 年巴西 230kV 及以上输电线路长度　km

电压等级	2017 年	2018 年	2019 年	2020 年	2021 年
230kV	56 722	59 097	59 920	62 586	64 056
345kV	10 320	10 319	10 327	10 355	10 560
440kV	6748	6758	6800	6907	6922
500kV	47 688	51 791	52 827	58 149	60 404
600kV 直流	12 816	12 816	12 816	12 816	12 816
750kV	2683	2683	2683	2683	2683
800kV 直流	4168	4168	9046	9204	9200
合计	141 145	147 632	154 419	162 700	166 641

（2）发展数据。

截至 2021 年，巴西发电装机容量为 19 068 万 kW，同比增长 6.2%。其中，火电装机容量 2918 万 kW，同比增长 5.1%；水电装机容量 10 960 万 kW，与上年持平；风电装机容量 2075 万 kW，同比增加 21.0%；太阳能发电装机容量 1341 万 kW，同比增加 69.3%。附图 16 所示为 2017—2021 年巴西不同电源类型装机容量。

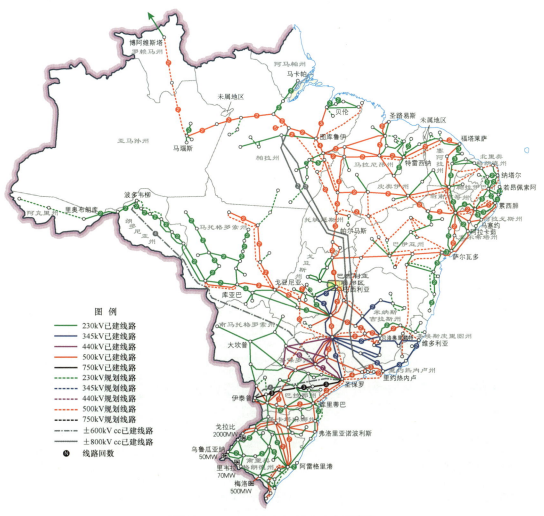

附图 15　巴西电网区划示意图[16]

附图 16　2017－2021 年巴西不同电源类型装机容量（单位：万 kW）[12-13]

137

2021 年，巴西发电量为 6100 亿 kW·h，同比增加 3.4％。其中，火电发电量 830 亿 kW·h，同比增加 4.4％；水电发电量 3718 亿 kW·h，同比降低 0.6％；风电发电量 672 亿 kW·h，同比增加 17.7％；太阳能发电量 184 亿 kW·h，同比增加 70.4％。附图 17 所示为 2017－2021 年巴西不同电源类型发电量。

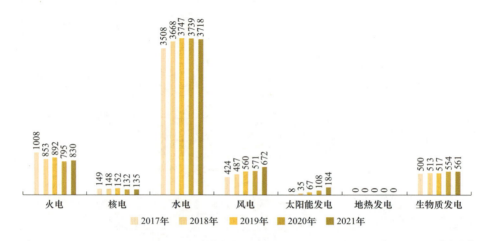

附图 17　2017－2021 年巴西不同电源类型发电量（单位：亿 kW·h）[12-13]

（六）印度电网

（1）基本概况。

印度电网由国有印度电网公司持有资产并维护，由国有的电力系统运营公司运营。截至 2020 年 6 月 30 日，发电装机容量为 371.054GW。额定功率为 50Hz，频率允许范围是 49.5～50.5Hz。联邦政府通过要求各邦在低频率下用电时支付更多的费用来调节电网频率。印度电网与不丹电网同步互联，并与孟加拉国、缅甸和尼泊尔异步互联。

截至 2021 年 6 月 30 日，印度各区域间的总输电能力约为 1 千万 kW。然而，由于区域间的输电限制，每天的可用输电能力不超过总输电能力的 35％，实际使用率约为 25％，每个地区的购电成本并不总是相等。附图 18 所示为印度电网网架，附表 5 所示为 2017－2021 年印度 220kV 及以上输电线路长度。

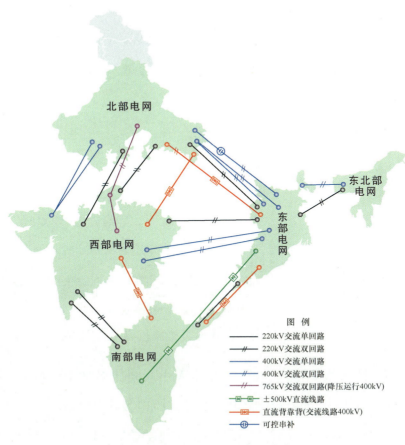

图 例

——— 220kV交流单回路
——/— 220kV交流双回路
——— 400kV交流单回路
——/— 400kV交流双回路
——//— 765kV交流双回路(降压运行400kV)
—▣— ±500kV直流线路
—▣— 直流背靠背(交流线路400kV)
—⊕— 可控串补

附图 18　印度电网网架[17]

附表 5　　　　　2017—2021 年印度 220kV 及以上输电线路长度　　　　　km

电压等级	2017 年	2018 年	2019 年	2020 年	2021 年
220kV	169 236	175 697	180 141	186 446	192 340
320kV	0	0	0	288	288
400kV	171 640	180 766	184 521	189 910	193 978
765kV	35 301	41 862	44 853	46 090	51 023
±800kV	6124	6124	6124	9655	9655
±500kV	9432	9432	9432	9432	9432
合计	391 733	413 881	425 071	441 821	456 716

（2）发展数据。

截至 2021 财年，印度发电装机容量为 47 194 万 kW，同比增长 3.5％。其中，火电装机容量 30 846 万 kW，同比增长 0.4%；风电装机容量 4036 万 kW，同比增加 2.8%；太阳能发电装机容量 5423 万 kW，同比增加 30.8%。附图 19 所示为 2017－2021 财年印度不同电源类型装机容量。

附图 19　2017－2021 财年印度不同电源类型装机容量（单位：万 kW)[12-13]

2021 财年，印度发电量为 16 249 亿 kW·h，同比增加 10.0%。其中，火电发电量 12 709 亿 kW·h，同比增加 10.48%；风电发电量 686 亿 kW·h，同比增加 14.0%；太阳能发电量 739 亿 kW·h，同比增加 21.5%。附图 20 所示为 2017－2021 财年印度不同电源类型发电量。

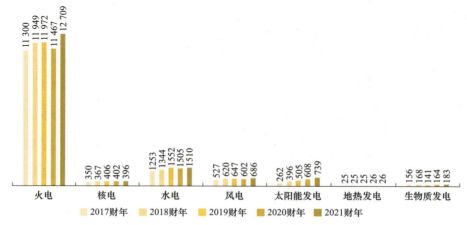

附图 20　2017－2021 财年印度不同电源类型发电量（单位：亿 kW·h)[12-13]

（七）俄罗斯电网

（1）基本概况。

俄罗斯由一个单一的同步电网涵盖全国大部分地区。俄罗斯电网连接了超过 320 万 km 的电力线，其中，15 万 km 是 220kV 及以上的高压线路。发电主要基于天然气（46%）、煤炭（18%）、水力（18%）和核能（17%）。60% 的火力发电（天然气和煤炭）来自热电联产厂。俄罗斯在 10 个城市运营着 31 个核电反应堆，装机容量为 0.2 千万 kW。俄罗斯地热和风力资源也很丰富，但目前发电量占比不到 1%。附图 21 所示为俄罗斯电网网架，附表 6 所示为 2017—2021 年俄罗斯 220kV 及以上输电线路长度。

附图 21 俄罗斯电网网架[18]

附表 6　　　　　2017—2021 年俄罗斯 220kV 及以上输电线路长度　　　　　km

电压等级	2017 年	2018 年	2019 年	2020 年	2021 年
220kV	92 560	94 900	96 376	96 915	97 525
330~400kV	9968	10 220	10 379	10 437	10 503
500kV	35 600	36 500	37 068	37 275	37 510
750~1150kV	4272	4380	4448	4473	4501
合计	142 400	146 000	148 271	149 100	150 039

（2）发展数据。

截至 2021 年，俄罗斯发电装机容量为 27 331 万 kW，同比增加 0.5％。其中，火电装机容量 18 840 万 kW，同比下降 0.1％；风电装机容量 197 万 kW，同比增加 137.3％；太阳能发电装机容量 166 万 kW，同比增加 16.1％。附图 22 所示为 2017—2021 年俄罗斯不同电源类型装机容量。

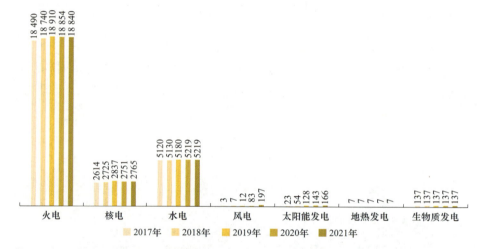

附图 22　2017—2021 年俄罗斯不同电源类型装机容量（单位：万 kW）[12-13]

2021 年，俄罗斯发电量为 9041 亿 kW·h，同比增加 6.6％。其中，火电发电量 5383 亿 kW·h，同比增加 12.7％；风电发电量 32 亿 kW·h，同比增加 146％；太阳能发电量 20 亿 kW·h，同比增加 17.6％。附图 23 所示为 2017—2021 年俄罗斯不同电源类型发电量。

（八）澳大利亚电网

（1）基本概况。

由于人口和城市分布原因，澳大利亚电网分为东南部联合电网、西澳大利亚州电网、北领地电网三部分，均独立运行。东南部联合电网覆盖了东南沿海的昆士兰州、新南威尔士州（包括首都堪培拉）、维多利亚州、塔斯马尼亚州和南澳大利亚州，该电网所有电力交易都通过澳大利亚国家电力市场完成，最高电压等级为 500kV；西澳大利亚州电网最高电压等级为 330kV，北领地电网最高电压等级为 132kV。附图 24 所示为澳大利亚电网分布。

附图 23　2017－2021 年俄罗斯不同电源类型发电量（单位：亿 kW·h）[12-13]

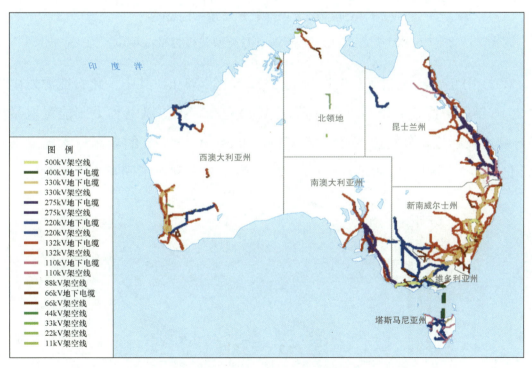

附图 24　澳大利亚电网网架[19]

（2）发展数据。

截至 2021 财年，澳大利亚总装机容量 8278 万 kW。其中，风电和太阳能发电装机容量分别达到 674 万 kW 和 1800 万 kW；化石能源发电装机总容量为 4854 万 kW；水电装机容量保持不变，占总装机容量的 10.1%；生物质、地热等其他发电装机容量小幅增长，占总装机容量的 1.4%。附图 25 所示为 2017—2021 财年澳大利亚不同电源类型装机容量。

附图 25　2017—2021 财年澳大利亚不同电源类型装机容量（单位：万 kW）[12-13]

2021 财年，澳大利亚总发电量为 2657.5 亿 kW·h。其中，化石能源发电量自 2016 年以来持续下降，2021 年降至 1950 亿 kW·h；风电和太阳能发电量保持持续增长趋势，分别达到 245 亿 kW·h 和 277 亿 kW·h 的新高；水电发电量 152 亿 kW·h。附图 26 所示为 2017—2021 财年澳大利亚不同类型电源发电量。

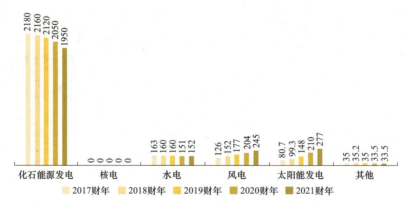

附图 26　2017—2021 财年澳大利亚不同电源发电量（单位：亿 kW·h）[12-13]

参 考 文 献

［1］中国电力企业联合会 . 2022 年三季度全国电力供需形势分析预测报告［EB/OL］. https：//cec. org. cn/detail/index. html？3 - 314813.

［2］中国电力企业联合会 . 2021－2022 年度全国电力供需形势分析预测报告［EB/OL］. https：//www. cec. org. cn/detail/index. html？3 - 298413.

［3］中国电力企业联合会 . 中国电力行业年度发展报告 2021－2022［M］. 北京：中国建材工业出版社，2021－2022.

［4］国家统计局 . 中国能源年鉴：2005－2021［M］. 北京：中国统计出版社，2005－2021.

［5］国家能源局 . 2021 年全国电力工业统计数据［EB/OL］. http：//www. nea. gov. cn/ 2022 - 01/26/c＿1310441589. htm.

［6］电力规划设计总院 . 中国电力发展报告 2022［M］. 北京：人民日报出版社，2022.

［7］舒印彪 . 新型电力系统导论［M］. 北京：中国科学技术出版社，2022.

［8］欧洲电网运营商联盟（ENTSO - E）. 欧洲输电网图［EB/OL］. https：//www. entsoe. eu.

［9］Kerstine Appunn，Yannick Haas，Julian Wettengel. Germany's energy consumption and power mix in charts［EB/OL］. https：//www. cleanenergywire. org/.

［10］EIA. Total electric power industry summary statistics［EB/OL］. https：//www. eia. gov/electricity/annual/html/epa＿01＿02. html.

［11］饶宏，黄伟煌，郭知非，等 . 柔性直流输电技术在大电网中的应用与实践［J］. 高电压技术，2022，48（09）：3347 - 3355.

［12］Globaldata. Countries［EB/OL］. http：//power. globaldata. com/ Geographphy/Index.

［13］Enerdata. World Energy & Climate Statistics - Yearbook 2022［EB/OL］. https：// yearbook. enerdata. net/.

［14］IRENA. World Energy Transitions Outlook：1.5℃ Pathway［EB/OL］. https：// www. irena. org/publications/2022/Mar/World - Energy - Transitions - Outlook - 2022.

［15］OCCTO. Annual Report FY 2021［EB/OL］. https：//www. occto. or. jp/ en/infor- mation _ disclosure/annual _ report/220324 _ OCCTO _ annualreport _ 2021. html.

［16］Eletrobras. Relatório Anual 2021［EB/OL］. https：//eletrobras. com /en/Paginas/ Annual - Report. aspx.

［17］PGCIL. Annual Report for FY 2021 - 22：PGCIL［EB/OL］. https：// www. eqmagpro. com/annual - report - for - fy - 2021 - 22 - pgcil - eq - mag - pro/.

［18］RPSO. UES of Russia［EB/OL］. https：//br. so - ups. ru/.

［19］AEMO. Regional boundaries for the national electricity market［EB/OL］. https：// aemo. com. au/ - /media/files/electricity.

146